海洋与人类文明
Oceans and Human Civilizations

严小军　陶　震　编著

海洋出版社

2024 年·北京

图书在版编目（CIP）数据

海洋与人类文明/严小军，陶震编著. --北京：
海洋出版社，2023.11

ISBN 978－7－5210－1193－7

Ⅰ.①海…　Ⅱ.①严…②陶…　Ⅲ.①海洋—文化史
—世界　Ⅳ.①P7－091

中国国家版本馆 CIP 数据核字（2023）第 226993 号

《海洋与人类文明》

责任编辑：高朝君

助理编辑：赵小凡

责任印制：安　森

海洋出版社　出版发行

http：//www.oceanpress.com.cn

北京市海淀区大慧寺路 8 号　邮编：100081

涿州市般润文化传播有限公司印刷　新华书店经销

2024 年 6 月第 1 版　2024 年 6 月北京第 1 次印刷

开本：710mm×1000mm　1/16　印张：14

字数：200 千字　定价：78.00 元

发行部：010－62100090　总编室：010－62100034

海洋版图书印、装错误可随时退换

前　言

　　海洋，如时间的沉淀，承载着世间万象的起起伏伏。海洋，它不仅是地球上最宽广的生态系统，更是最为丰富的资源库。作为人类探索、冒险、创新、交流、合作的舞台，它也是人类文化和思想的一个源泉。海洋既是人类生存和发展的关键基础，也是人类所面临的重大挑战之一。海洋与人类文明的纽带跨越时空与学科，充溢着变迁与挑战。这本书旨在系统地探讨海洋在人类文明发展中的角色和影响，引导读者审视海洋与人类文明之间的互动，加深对海洋的认知和理解，并激发对海洋事业的兴趣和热情。

　　作为一名海洋生物领域的学者，我深刻地体会到海洋对文明的塑造力量。正是这份认知驱使我撰写此书，希望向读者呈现一个全面而深刻的海洋与人类文明视角，引发更深层次的思考。

　　本书内容按照时间顺序编排，自古至今，从不同角度探讨了海洋与人类文明在历史、地理、经济、科技等方面的交互影响。这是一次时间跨度巨大的探索之旅，从古代的海洋贸易国家到现代海洋法的产生，涵盖了多个历史时段，让我们共赴这段历史的旅程。

最初，这本书只是一门通识课"海洋与人类文明"的讲义。该课程入选了浙江省思政课程示范课程、浙江省普通高校"十三五"新形态教材，以及国家级一流本科课程。在课堂教学中，根据学生的反馈和建议，编者团队对讲义进行了一些有针对性的修订和补充，形成了本书。同时，本书的出版得到了浙江省高等教育学会的立项支持。

在编写本书的过程中，我得到了许多人的帮助和支持。特别感谢我的合作者、同事、学生和朋友，尤其是王健鑫教授，他们为本书的编写提供了宝贵的资料、意见和建议。同时，也感谢海洋出版社的编辑们，他们为本书的出版提供了专业的服务和指导。最后，感谢我的家人，他们给予了我无私的爱和鼓励。我真诚地希望本书能够为读者带来有益的知识和启发，也诚挚地欢迎读者提出批评和建议，以推动本书的不断完善和改进。

最后，我希望这本书能够点燃读者内心对海洋的热情，唤起对于这片神秘蓝色领域的关怀和尊重。让我们共同呵护海洋的宁静与美丽，珍视海洋的宝贵资源。让我们合力撰写一部和平、繁荣、包容的海洋史诗，为人类文明的璀璨未来贡献我们的力量。期盼着，我们共同编织海洋与人类文明的新篇章！

2023 年 9 月 1 日

目　录

引　言

　　海洋与人类文明的关系在当今正变得越来越紧密——世界各国的人口越来越向沿海地区集中，技术与金融资源更多地集聚于滨海城市带，海洋港口承担着越来越多的贸易吞吐量，深海的石油资源、矿产资源和基因资源越来越受到重视，海洋中的蛋白质资源成为人口增长的重要营养保障。

　　同时，从科学与社会发展的角度来看，我们还认识到：海洋贸易曾经极大地推动了国际法的诞生，海洋观测与探险直接发现了海底火山带与深海化能生命，人类活动本身也带来海洋微塑料、赤潮、缺氧区、渔业资源减少等诸多亟待解决的问题。

　　因此，我们从时空维度去认识海洋与人类文明的时候，不仅需要多了解几个"为什么"，更应该多思考"怎么办"，这就是本书希望给大家带来的通识教育的内容。从总体来看，本书主要分为三个部分：第一部分是梳理并分析海洋在人类文明主要进程中所产生的作用；第二部分是简要概述目前在自然科学与社会科学中我们对海洋的基础认知和共识；第三部分是介绍海洋对于人类社会发展所具有的产业贡献与潜力。

　　本书在梳理了海洋对于人类文明发展史的重要作用及其在不同发展阶段的主要贡献后，提出了五个方面的重要见解：

　　（1）海洋文明是借鉴、融合原生的大河文明发展起来的次生文明。其经济形式主要是海洋贸易。海洋文明的强大主要是依靠海洋交通贸易与海洋对陆地的军事控制能力。

　　（2）海洋是全球人类社会文明交流的最大门户。通过海洋的交通与贸易，人类经历了文明的大融合和大发展，极大地促进了人类社会的商业全球化与文化传播。

（3）海洋科技进步是全球经济发展的主要动力。集装箱船舶的发展使传统的国际海洋运输成本下降90%，是经济全球化的重要基石；海底电缆和光缆的长度相当于地球周长的90%，它们是全球信息通信与互联网的基础。

（4）海洋控制能力是国家强大和国家安全的重要力量。在每一个历史时期，海军的建设，尤其是舰船的技术水平、战法和战术，不仅是决定海上战争胜负的关键因素，也是大国竞争的重要方面。以海权论为核心的海洋战略影响至今。

（5）海洋资源是国家发展的宝贵财富。海洋空间资源可以用于建设港口、临港产业带及远海基地，海洋生物资源可以保障食物和药物的需求，海洋的波浪和潮流可以发展成为绿色能源。改革开放以来，我国建成了世界上最大的港口集群，成为世界上最大的海洋渔业国家、全球瞩目的临港工业基地，这些都是对海洋资源开发意义的最好诠释。

当下，海洋已经成为世界各国高科技竞争的新焦点，建设海洋强国对于实现中华民族伟大复兴有着重要而深远的意义。本书围绕海洋这一主题，深入浅出地讲解人类科技文明在海洋史中的演变，紧贴实际分析海洋科技的发展趋势，并对如何开发海洋与实现人类可持续发展进行研讨，同时力求做到集知识性、趣味性、科学性于一体，使读者进一步了解海洋、认识海洋、热爱海洋，不断增强海洋意识和保卫"蓝色家园"的责任感。

微信"扫一扫"观看视频　　　　　　微信"扫一扫"观看视频

第一章　绪　论

第一节　中国人对海洋与人类文明关系的
历史认识

回顾历史，我们会发现，中国人第一次真正认识海洋是在19世纪中叶，那是中国第一次走出了中央王朝的"舒适区"去正视整个世界，第一次看到了西方列强竟然都在竞争海上贸易权和军事权。所谓的"船坚炮利"是中国人对海洋与人类文明关系的第一印象，并由此开启了中国的自强之路。有三本书在当时影响很大，一是魏源的《海国图志》，二是徐继畲的《瀛寰志略》，三是惠顿的《万国公法》。而清廷的自强运动就是我们所熟知的"洋务运动"，以"自强"为旗号，引进西方先进生产技术，创办新式军事工业，训练新式海陆军，建成北洋水师等近代海军。其中，规模最大的近代军工企业是在上海创办的江南制造总局，此外，还有福州船政局、天津机器制造局等一系列军用工业生产厂家。以"求富"为旗号，兴办轮船、铁路、电报、采矿、纺织等各种新式民用工业，如在上海创办的最大的官督商办的企业——"轮船招商局"。以"兴学"为旗号，创办新式学校，选送留学生出国深造，培养翻译人才、军事人才和科技人才。

但这场轰轰烈烈的自强运动并没有取得成功，中日甲午战争的失败迫使国人进一步反思，从而催生出了民族共和的思想火花。可以说，中国人第一次接触海洋与人类文明的关系，就触碰到了文明的根本问题：海洋活动是推动人类文明进步的第一大动力，掌握了海洋贸易才能成为经济大国，掌握了海洋军事才能成为军事大国。这一思想也集中反映在19世纪末的"海权论"中，它是艾尔弗雷德·塞耶·马汉（Alfred Thayer Mahan，1840—1914年）在分析英国如何成为全球霸主的过程中发现的一种重要的见解，并且这一思想也深刻地影响了20世纪初美国政府的决策——当时的美国总统西奥多·罗斯福（Theodore Roosevelt，1858—1919年）开始大力发展海军，下令开凿巴拿马运河，为美国的军事现代化打下了基础，这些举措体现了罗斯福强大的洞察力。

20世纪初，孙中山先生在考察世界列强后认为："自世界大势变迁，国力之盛衰强弱，常在海而不在陆，其海上权力优胜者，其国力常占优胜。"① 1928年，第一部具有阐释和反思意义的近代中国海权论专著——林子贞的《海上权力论》问世。《海上权力论》一书分为7章，分别为"海上权力的意思""海上权力与国防的关系""海上权力和陆上权力的比较""英国的海上权力""英国海上权力致大的要素""法国扩张海军力的径路""各国扩张海上权力的目的"。前三章主要介绍和厘清海权理论的概念和内涵，后四章以西方海权作为映照，通过海权视角来观察和剖析中国。林子贞认为：海上权力是指"国家在海面上有把握、有制海的力量"，广义上包括武力支配海洋的能力和商业航海的能力。

海上权力的获得需要具备以下两种优势：第一是海上运输的物资调动和输送能力，第二是海洋技术的综合优势。关于第一点，我们很好理解，海水的浮力作用使得海洋运输的装载量大且节省能源，因此海上运输相比陆上运输具有更强大的物资动员能力。另外，从国际运输的角度来看，通过海洋的运输路线通常是距离最短的路线。第二点则更为重要——理解海洋需要各门自然科学和社会科学，海洋强则需要综合的科技实力强。我们这里仅仅说一下自然科学在海洋研究中的应用。如果说到18世纪为止，人

---

① 尚明轩：《孙中山全集》（第2卷），北京：人民出版社，2016年，第564页。

类认识的海洋主要是指地理学知识和一些潮汐及洋流的知识，那么，从 19 世纪开始，则几乎进入了一个利用各种科学技术手段来全方位研究海洋的时代。其中，最具有划时代意义的研究工作就是 1872—1876 年由英国皇家学会组织的"挑战者"号环球海洋考察，这是人类历史上首次综合性的海洋科学考察。此次考察覆盖了大西洋、太平洋和印度洋，采集了大量的海洋动植物标本和海水、海底底质样品，发现了许多海洋生物新种，分析了海水的主要成分，制作了世界大洋沉积物分布图，同时还研究了地区的地磁和水深情况，从而奠定了系统的海洋科学学科的基础，涉及物理海洋学、海洋化学、海洋生物学和海洋地质学等科学领域。这些海洋科学与技术的发展又进一步促进了人类的科学认知、商业经济活动和军事能力的提高。

微信"扫一扫"观看视频

第二节　关于人类最初的认识

人类的产生是生物演化的结果，这种演化过程既有很大的偶然性，也有必然性。事实上，我们考察一个社会问题的时候，都会有种明显的感受，那就是偶然性与必然性的交织，很多时候我们会觉得纷繁复杂，无从理出主线，其实这本身就是演化的本质特征，那么我们如何来着手呢？那就需要掌握一个基本原则，无论有多少偶然性，都是产生"更加高级"的必然性的因素，所以，我们有时候也把演化称为进化。在地球的历史中，生物虽然经历过多次的"大灭绝事件"，但灾难过后出现的新物种总是会呈现出更加高级的形态。"自强不息"就是一种必然。

一般认为，地球从诞生至今约有 46 亿年，原核单细胞生物在地球上出现至今是 36 亿年，真核单细胞生物出现至今是 18 亿年，多细胞真核生物出现至今是 5.4 亿年，因为多细胞真核生物是我们肉眼可见的，所以也称为宏观生物。从地质年代来看，自多细胞真核生物出现以来的历史被称为显生宙（Phanerozoic eon），而之前的历史则称为隐生宙（Cryptozoic eon）。之所以将这些历史时期称为地质年代，是因为这些科学知识都是根据生物化石与相关的岩石进行同位素年代测定分析后得出的推论，通常以宙（eon）、代（era）、纪（period）来进行地质年代的时间划分。

显生宙以来的地球环境变化很复杂，我们根据化石生物种类的结构特征变化将地质年代分为古生代、中生代、新生代三个阶段。

古生代（Paleozoic，符号 Pz）开始于距今 5.4 亿年前，结束于距今 2.5 亿年前。古生代包括寒武纪（Cambrian）、奥陶纪（Ordovician）、志留纪（Silurian）、泥盆纪（Devonian）、石炭纪（Carboniferous）、二叠纪（Permian）。其中，寒武纪、奥陶纪、志留纪又合称早古生代①，泥盆纪、石炭纪、二叠纪又合称晚古生代。

寒武纪是古生代的第一纪，当时在海洋中突然出现了门类众多的海洋无脊椎动物，被称为"寒武纪生命大爆发"。寒武纪最常见的动物是节肢动物三叶虫，其次是腕足动物、古杯动物、棘皮动物和腹足动物等。奥陶纪则出现了原始脊椎动物（鱼类），至奥陶纪末期（距今 4.4 亿年前）发生了第一次生物大灭绝，导致大约 85% 的物种绝灭，原因可能是当时地球气候变冷和海平面下降（见图 1-1）。泥盆纪是脊椎动物飞跃发展的时期，鱼类繁盛，两栖类和爬行类出现，至泥盆纪晚期末期（距今 3.6 亿年前）发生了第二次生物大灭绝，导致大约 80% 的物种绝灭，其原因可能也是地球气候变冷和海平面下降。二叠纪末期（距今 2.5 亿年前），发生了第三次生物大灭绝，这是有史以来最严重的大灭绝事件，造成了 98% 的海洋生物以及 96% 的陆地生物都在 50 万年内消失。三叶虫、海蝎以及重要珊瑚类群全部消失，其原因可能是在二叠纪发生了地球上最大规模的火山喷发，同时出现了海平面下降和大陆漂移——在此期间，地球上所有的大陆

① 地质年代中，"代"的概念通常以化石生物的结构类型来划分，而"纪"的命名则通常以最初被发现的地质岩石层的所在地地名及其结构特点来认定，大多数是以英国及欧洲大陆发现地来命名。

都连在一起形成了超级古陆（盘古大陆）。大规模的生物灭绝导致了生态系统的彻底更新，由此，地球生命进入了中生代。

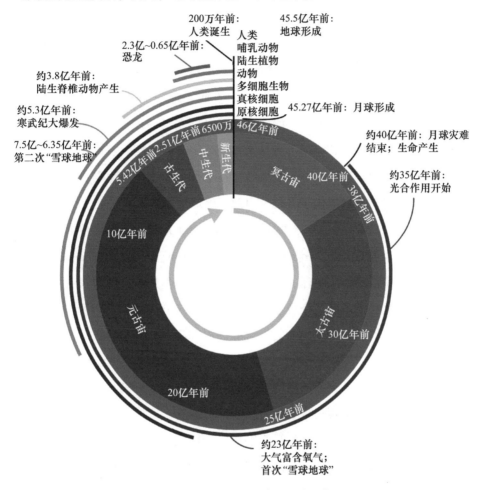

图1-1 显生宙及之前的地球环境

（本图片来源于维基共享资源，作者为YanTTO，许可证为CC BY-SA 4.0）

中生代（Mesozoic，符号 Mz）开始于距今 2.5 亿年，结束于距今 6500 万年。中古生代包括三叠纪（Triassic）、侏罗纪（Jurassic）和白垩纪（Cretaceous）。

三叠纪（Triassic period）是中生代的第一纪，爬行动物和裸子植物崛起。三叠纪晚期（距今 2 亿年前），发生了第四次生物大灭绝，爬行类动物遭遇重创，估计有 75% 的物种灭绝，主要是海洋生物，其原因可能是海平面下降之后又上升，导致海水出现大面积缺氧。侏罗纪时期的优势动物是爬行动物，尤其是恐龙，因此又称为"爬行动物时代"。盘古大陆在侏罗纪中期开始分裂，大西洋雏形开始形成。白垩纪是中生代地球表面受淹没程度最大的时期，北半球广泛沉积了白垩层，主要是由颗石藻的钙质超微化石和浮游有孔虫化石构成。白垩纪晚期（距今 6500 万年前）发生了第五次生物大灭绝，约 80% 的物种灭绝，直接导致统治地球达 1.6 亿年的恐龙时代由此终结。其原因可能是来自地外空间的多次陨石雨和大规模火山喷发。这次大规模的生物灭绝导致生态系统的再次彻底更新，为哺乳动物及人类的最后登场提供了契机，由此，地球生命进入了新生代。

新生代（Cenozoic，符号 Kz），距今约 6500 万年。新生代包括古近纪（Paleogene）、新近纪（Neogene）[1] 和第四纪（the Quaternary Period）。新生代的重要特征是：①地球大陆与海洋的轮廓基本形成：随着盘古大陆的继续分裂，北美洲大陆、格陵兰大陆、欧洲大陆分离开来，印度洋板块撞击欧亚板块，形成了印度次大陆、青藏高原和喜马拉雅山，古地中海东部海域形成闭合[2]，欧洲大陆板块运动形成了比利牛斯山脉、阿尔卑斯山脉；②以哺乳动物和被子植物的高度繁盛为特征，生物界逐渐呈现出现代的面貌，故名新生代，即现代生物的时代。

由于新生代距离我们最近且影响更大，因此，对于这一时期的研究更为具体，故研究者在宙、代、纪的基础上又引入世（epoch）这一概念。古近纪包括古新世（Paleocene）、始新世（Eocene）、渐新世（Oligocene）；新近纪包括中新世（Miocene）、上新世（Pliocene）；第四纪包括更新世（Pleistocene）、全新世（Holocene）。

古新世（距今约 6500 万—5300 万年）对于海洋来说是鲨鱼的时代，

---

① 古近纪和新近纪原来合称为第三纪。
② 古地中海与印度洋重新连通是由法国人在 1869 年完成的，是国际海洋贸易的重大标志性事件。

最古老的啮齿类化石发现于北美的古新世地层中。始新世（距今约5300万—3600万年）开始出现原始的哺乳动物，是"近代生命的黎明"。始新世时期，哺乳动物的演化与多样化成为地球生命的主要特征。北大西洋板块的裂隙将欧洲和北美洲隔开了，南美大陆与南极大陆也不再完全相连。同时，造山运动发生在印度和苏格兰，海平面显著上升。因此，非洲、澳大利亚和西伯利亚的大部分地区被海水淹没。渐新世（距今约3400万—2300万年）被认为是一个重要的过渡时期，是地理环境和生态系统更具有现代特征的时期，哺乳动物的种类进一步多样化。渐新世时期生态系统发生的一个重要改变是草原在全球的扩张，而热带阔叶林则萎缩至赤道一带。中新世（距今约2300万—530万年）出现了一连串的冰河时期，其主要原因是喜马拉雅山脉隆起，导致亚洲季风模式的改变，同时也影响了北半球的冰川作用。距今约1500万年前，印度洋板块与欧亚板块发生剧烈碰撞，导致古地中海在地球上消失。上新世（距今约530万—250万年）的气候开始变冷变干，四季更加分明。中纬度的冰川在上新世末期前得到发展，北冰洋形成冰层，南极洲开始被冰雪覆盖。到上新世末，南极洲已经终年被冰雪覆盖。人类的人猿祖先出现于上新世末。

第四纪的更新世（距今约250万—1.2万年）是冰川作用的活跃时期，其显著特征是气候变冷，有冰期与间冰期的明显交替。更新世的生物群已非常接近现代的形态，这一时期的重要特征是人类的演化出现。更新世的人类活动时期相当于考古学的旧石器时代。根据现代考古学的证据，我们现代人的直系祖先——"早期智人"（Archaic Homo sapiens）最早出现在非洲，后来"走出非洲"，其化石在亚、非、欧三洲的多处发现。早期智人距今约20万—5万年，是介于直立人和晚期智人之间的人类。人类在这一阶段或更早的时期，取得了几项重要的进步：一是人工取火的发明；二是捕鱼技术的提高；三是挖掘地下的植物块根为食。这些发明和发现使人类摄食到了更好的营养，有力地促进了大脑的发育。所以，中国的传说中，把发明火的燧人氏和发明渔网的伏羲氏作为我们的始祖。同时，人类是有策略意识的杂食动物，且周年可生殖，具有工具制造能力，能够形成群体进行狩猎，从而跃居到食物链的顶端。晚期智人（Homo sapiens sapiens）是出现于距今 5 万—1 万年前的古人类，又称新人，是我们现代人的直接祖先。在此期间，人类实现了认知革命，具有了语言能力和自我意识。更新世的最后一次冰川期（距今约 11 万—1.2 万年）对于人类历史的展开来说值得深思：在更新世末期，现代人类通过白令海峡进入美洲，欧亚大陆北部、大洋洲、美洲等地出现了数十种大型动物的灭绝，其中北美洲遭受的打击最为严重，约 70% 的大型哺乳动物在距今大约 1.1 万年前突然消失。一种解释是人类进入美洲后狩猎所致，另一种解释是气温因素。可以想象，在这样一个冰河时期，全球 30% 以上的陆地都被冰川覆盖，人类正在为自己的命运苦苦挣扎，陆地上的其他大型动物更因为这个"入侵动物"而备受威胁。

全新世（约 1.2 万年前至今）的出现是人类开创历史的一个自然良机，第四纪冰期的一次亚冰期结束、气候转暖，海平面迅速上升，距今 6000 年前的海面基本接近现今位置（人类大洪水记忆也来自这一时期）。当然，这一过程中，气温变化分布呈现锯齿状，距今约 1.7 万年前，地球气候开始变暖，两极和北美洲、北欧的冰层融化，海平面上升，淹没了渤海、黄海和挪威海的部分草原。1.3 万年前，北半球的冰雪已经大幅度减少，南北两极呈现出春意盎然的景象。然而，在 1.2 万年前，气温急剧下降，冰层再次扩张，覆盖了两极和阿尔卑斯山、青藏高原等地。许多动植物无法适应寒冷而死亡。十年左右的时间，地球的平均气温下降了 7~8℃。这种寒冷的状态持续了 1000 多年，直到 1.1 万年前，气温才又迅速回升。这一事件被称为"新仙女木事件"，因为在欧洲这一时期的沉积物中发现了北极地区的一种草本植物——仙女木的遗迹。而通过对更早的沉积物的研究，可知历史上也发生了类似的两次事件，分别被称为"老仙女木事件"和"中仙女木事件"。由此证实了这种气温变化的锯齿状变动。全新世对于人类来说，由于地球表面只有 10% 被冰川覆盖，人类的器物制造得以进入了新石器时代，此时的全球气候为文明的产生奠定了基础。

至此，我们可以知道，地球上所有现存的生物能够繁衍至今，都是偶然中的必然。人类的始祖于 300 万年前开始直立行走，并逐渐学会了制造和使用石器，又在 5 万—7 万年前产生了语言和自我意识，最终在 1.2 万年前迎来了一个特别适合人类生存的自然界，并且延续至今。

微信"扫一扫"观看视频

第三节　关于文明最初的认识

要回答"文明是什么"的问题，先让我们来回答另一个问题——在漫长的进化中，作为智人的我们为什么能繁衍至今，成为生活在这个地球上唯一的人种。

人类走出非洲一共有多少次？答案可能是无数次。但毋庸置疑的是，最为成功的一次发生在约 20 万年前，即智人的出走。在当时，智人就像星星一样，稀疏地散布在广阔的土地上。大多数智人不断迁徙，随着季节更替、动物迁移、植物的生长周期变化，人类也不断追逐着食物，从一地前往另一地。偶尔出现自然灾害、暴力冲突、人口压力或由某个特别有魅力的首领主导，部落也有可能放弃自己的领地，走出去。这些正是促成人类在全球扩张的因素。当然，他们也有可能在食物充裕的地方永久定居。进行狩猎采集生活的智人，每周只要工作 35 ~ 45 小时，就能养活整个部落。虽然工作的时间不长，但智人却很少受到饥饿或营养不良的困扰，秘诀在于多样化的饮食：今天吃了浆果和蘑菇，明天吃水果、蜗牛和乌龟，后天吃野兔。

但这种看似浪漫的生活，却隐藏着极端的不确定性，尤其是在气温剧烈变动的时间段——气温骤降，人类开始为了生存而激烈争斗，乃至捕灭了很多大型哺乳动物。我们思考一下其他的人种是怎么消失的，很有可能是人类相互残杀的结果。所幸的是，智人依靠更有组织的战斗以及或许更加残忍的本性，才取得了胜利。这种本性事实上仍然存在于我们的基因之中，以至于在我们今后的文明进程中，战争仍然是一条主线。

更加幸运的是，智人在大脑发育之后，学会了积累经验并将这些经验通过语言传给后代，成为人类不断进步的最大秘诀，这就是知识的力量。尤其是近2万年以来，人类通过从无意到有意的尝试，掌握了在人工控制下繁殖野生动物的技能，这就是驯化。驯化动物是人类走向文明社会的重要一步，是人类有计划、有目的的生产实践活动。狗、羊、牛、马是被人类最先驯化的动物。不久，一部分人类又进一步实现了对于植物的"驯化"，特别是对于小麦和水稻的"驯化"，使它们成为今后人类生活中重要的谷物粮食。这一过程的发生，成为人类进化史上继认知革命后的又一次重大革命——农业革命。

进入农业革命后，人类开始大量驯化动物和植物——大概在公元前9000年，人类驯化了小麦和山羊；公元前8000年，人类开始栽培豌豆和小扁豆；公元前4000年，人类驯化了马。在农业社会，人类90%的热量来源于这些"驯化"过的植物——小麦、稻米、玉米、马铃薯、小米等。根据考古发现，世界上主要的早期农耕中心有三个：西亚、东亚（也包括南亚）和中南美洲。在西亚，札格罗斯山脉、小亚细亚半岛南端、东地中海沿岸的约旦河谷、巴勒斯坦和黎巴嫩等地是世界上最早种植大麦、小麦、小扁豆等作物的地方。在中国，黄河中上游和长江中下游地区很早就有了粟和水稻的栽培。在中南美洲，墨西哥、秘鲁、玻利维亚等地是玉米、豆类、马铃薯等作物的发源地。新石器时代，人们还开始养殖动物。在伊拉克的帕勒高拉洞穴遗址，发现了公元前1万年的家犬骨骼。

这时候，人类的群体生活行为出现了很大的分化，特别是在欧亚大陆，一部分更喜欢驯养动物的人开始成为游牧人，而另一部分喜欢种植谷物的人群则定居下来。由于大型动物的驯化只发生在欧亚大陆，特别是马和狗，它们后来成为人类作战的重要帮手，这在偶然中又成为生活在欧亚大陆的人们的一个重要军事优势。

按照《枪炮、病菌与钢铁》的作者贾雷德·戴蒙德（Jared Diamond）的观点，这并不是因为欧亚大陆的人类与生存在其他地理环境下的人群相比有什么不同之处，而是因为欧亚大陆足够大，且整个地理形态以纬向分布为主（相反的例子是美洲，该大陆具有经向分布特点）；由于陆地足够大，所以有足够数量的动物在灭绝之前就被驯化了，因为其地理的纬向分布，因此动植物一旦被"驯化"，容易在同一地理纬度下进行繁衍，扩大活动区域，这就是所谓"神秘北纬30度线"的秘密。

发生于新石器时代的农业革命，使大部分的人开始定居下来。人类由于获得了稳定的食物来源，人口不断增多，占有土地使人有了领土意识并逐步产生阶层，农业播种和收获使人类逐步掌握了四季的规律，并逐步形成了太阳崇拜及原始宗教，定居的人群也更加强化了祖先崇拜。定居的生活方式也使人有更多的交流机会，产生更多的劳动分工，并在此过程中逐步产生了文字以及金属冶炼技术。

青铜器时代，约发生于公元前4000年前，人们将青铜器具用于锄耕式的农业劳作，称作"第二次农业革命"；铁器时代，约发生于公元前1500年前，人们使用铁器材料配合畜力，可以进行犁耕式的农业，称作"第三次农业革命"。文明正是在此过程中不断发展。

我们据此回顾分析一下文明产生的要素，最为重要的就是农业及其自然要素，即谷物的种植和家畜的驯养，其中最重要的是小麦和水稻的种植。我们都知道，农业最需要土地、阳光和水。首先，需要平坦的地形与足够容纳适当人口的空间，这样的地方不是丘陵也不是森林，而是广阔的平原地带。适当的人口密度有利于人类小团体间的碰撞，这样既有利于农业发展，又有利于部落扩张和交流，从而有利于生产力的发展。其次，需要适宜的气候，农业生产是靠天气吃饭，适宜农作物生长的气候有利于人类发展。还需要农业灌溉及定居生活用的足够的淡水水源。河水不仅能提供饮用水、生活用水，还能起到交通作用。只有少数地方满足以上三个条件。事实上，古代文明发源地就是在具备所有这些要素的地方：两河流域①、尼罗河、印度河、中国的长江黄河，这些地方就是我们现在所知的四大文明发源地。

例如，曾在尼罗河流域地下 60 英尺（1 英尺约为 0.3 米）深处发现过人类工具，这引发了人们对其年代的猜测。根据科学家的研究，近 3000 年来，尼罗河平均每个世纪沉积 4 英寸（1 英寸约为 2.54 厘米）的土壤。按此速度计算，掩盖这些工具的 60 英尺深土壤需要 180 个世纪才能形成。因此，这些工具的年代大约有 1.8 万年。然而，这种推测存在一定的不确定性。比如，如果尼罗河在早期带来了较厚的淤泥，那么实际年代可能要缩短。有些史学家认为，实际年代可能只有 6000 年或 7000 年。但不管怎样，尼罗河流域是公认的文明发源地。

像这样的世界大河其实还有不少，例如北美洲的密西西比河、非洲的刚果河、东南亚的湄公河，为什么却没有诞生文明呢？其中的原因也只能猜测。农业最先诞生的地方不是最适合农业的地区，而是农牧交错带，就是既可以种植也可以畜牧的地区。而上述这些地方，有些是因为气候过于干燥，太干旱的地区如果连农作物也生长不了，就不能发展农业；有些则可能只适宜种植农作物但不可放牧；还有一些地方则由于附近土地肥沃且湿润，物产丰富使人们仅仅需要采集打猎即可维持生计，农业发展动力也就消失了。

微信"扫一扫"
观看视频

因此，在梳理分析文明最初产生的条件时，我们一定要牢记气候与地理因素是文明起源的重要条件。

第四节　关于海洋对文明起源作用的基本认识

从以上关于文明起源的分析中，我们并没有见到海洋与人类文明的关

---

① 指纵贯今伊拉克境内的幼发拉底河和底格里斯河之间的地区。

系。那么，我们如何认识两者的关系呢？事实上，这是一个很有趣的问题。这就要谈到位于地中海且靠近亚洲的希腊区域。

地中海沿岸夏天炎热干燥，冬天温暖湿润，被称作地中海型气候。因为这种气候，橄榄树等种类的树木多生长在沿岸。地中海沿岸的植被，以常绿灌木为主，叶质坚硬，叶面有蜡质，根系深，有适应夏季干热气候的耐旱特征。这里是欧洲主要的亚热带水果产区，盛产柑橘、无花果和葡萄等，还有木本油料作物油橄榄。地中海也有较为丰富的渔业资源，重要的鱼类有无须鳕、鲆鲽、鲷、大菱鲆、沙丁鱼、鳀、蓝鳍金枪鱼、狐鲣和鲭鱼等。按照其自然地理条件，希腊地区的人主要以采集和捕鱼的方式生活，缺少稳定的粮食生产。

由于附近的区域（尼罗河和两河流域）已经有了发达的种植业、冶炼业以及文字，他们在生活中对于其他物质的追求越来越多，贸易成为文明发展的派生产业。而地中海的居民群体则是通过贸易来促使文明产生与进化。

在古希腊，一直流传着关于米诺斯文明的传说，那里被誉为"西方文明的摇篮"。这个有关米诺斯的希腊神话大致是这样的：

> 在希腊海域的克里特岛，有个国王叫米诺斯，相传是众神之王宙斯与腓尼基公主欧罗巴的儿子。克里特岛上有座迷宫，迷宫里住着怪物米诺陶洛斯，米诺陶洛斯经常要吃童男童女。米诺斯王当时势力很大，经常要希腊诸国进贡童男童女。雅典王子忒修斯为了拯救雅典的童男童女，决定去克里特岛，杀死岛上的怪物米诺陶洛斯。

这个传说流传到 1900 年的时候，英国考古学家阿瑟·埃文斯（Arthur Evans，1851—1941 年）受到德国考古学家谢里曼（Schliemann）在 1871 年考古发现特洛伊的启发，提出了考古发掘克诺索斯王宫遗址的设想，他组织的考古队伍于 1900 年 3 月到达克里特岛。埃文斯在克里特岛的发掘可以说是战果辉煌：他在第一天就挖出了一些城墙和艺术品，第二天又挖出了一面有图画的墙和一些带有图案的石膏。

埃文斯的发现让全世界为之震惊。后来，这个以前不为人知的文明被埃文斯命名为"米诺斯文明"，取自传说中的国王米诺斯的名字。"米诺斯文明"又称为"克里特文明"，埃文斯也作为古希腊米诺斯文明的发现者而名垂史册。

此后，一批批考古学家们兴奋而又激动地涌入克里特岛，迫不及待地开始了新的发掘，其中最著名的是克诺索斯王宫遗址的发现。

根据考古发现，克里特岛在大约公元前7000年有文明初步形成，在公元前3100年左右米诺斯文明形成，从新石器时期进入青铜时期，大约公元前1600年达到鼎盛。

欧洲人把欧罗巴认作欧洲文明之母（欧罗巴是腓尼基公主），从神话传说中我们知道，古希腊文明的创造与腓尼基人可能有着或多或少的关系。事实上，古代腓尼基人是地中海沿岸的航海家和商人，他们创造了自己的文字，希腊文字的产生也根源于腓尼基文字。但由于和腓尼基人相关的历史资料缺失很多，所以，我们在追踪海洋对人类文明作用的源头时有了缺环。这个缺环随着埃文斯的考古发现和随后的研究，逐步得到了较为全面的展现。

关于海洋对文明的作用，一个最重要的基本认识在于：海洋虽然与文明创生的源头所需要的农业无关，但它与文明发展进程中所产生的贸易需求有很大的关系，而且当其他邻近区域通过自己的生产能够产生剩余货物时，通过贸易可以实现物资的互通有无，并且可能得以更快地积累财富。商业可能是文明的非必需品，但这个文明的派生产物往往能够后来居上，因为它具有资源配置和优化的功能，而实现这个目的的最佳路径可能是海洋。在文明的最初阶段，最具有这种地理优势的区域就是地中海沿岸，特别是靠近尼罗河流域和两河流域的辐射区所在的滨海区域。

微信"扫一扫"观看视频

第五节　关于海洋对文明进程作用的基本认识

文明进程的概念，最初由英国爱丁堡大学的哲学教授亚当·弗格森（Adam Ferguson，1723—1816 年）提出。他在 1767 年出版的著作《文明社会史论》（*An Essay on the History of Civil Society*）中提出文明进程的阶段性概念，因此他也被称为"现代社会学之父"。他在考察人类社会特点时第一次提出文明三阶段说：

> 蒙昧时代（stage of savagery）：大约相当于旧石器时代。
>
> 野蛮时代（stage of barbarism）：大约相当于新石器时代。
>
> 文明时代（stage of civilization）：大约相当于青铜时代以来。

那么文明究竟是什么？一般认为，文明是历史进程中人类在活动与交往的过程中沉淀下来的，有益增强人类对客观世界的认知和适应、符合人类精神追求、能被绝大多数人认可和接受的精神财富、发明创造。智慧生物为更好地认识世界而团结协作，就构成了文明的物质基础，也就是说，文明存在的前提是智慧生物的劳动、合作。其余由智慧生物创造出的各种现象只是文明的派生产物。文明是使人类脱离野蛮状态的所有社会行为和自然行为构成的集合，这些集合至少包括了以下要素：家族观念、工具、语言、文字、信仰、宗教观念、法律、城邦和国家等。恩格斯在其著作《家庭、私有制和国家的起源》中写道："文明时代的基础，是一个阶级对另一个阶级的剥削。"[①] 从考古挖掘的角度来看，西方学术界的普遍认识是：冶金术、文字和城市的同时出现是文明崛起的根本标识。当然，针对这一问题，学术界也有不同的观点，认为此"三要素"并不是具有普遍意

---

① 恩格斯：《家庭、私有制和国家的起源》，北京：人民出版社，2018 年，第 177 页。

义的标准。例如，经过对距今5000年左右的中国良渚文化的考古挖掘研究发现：良渚古城是整个良渚文化范围内最高等级的政治中心、宗教中心和手工制造业中心，其古城规模、宫室建筑、水利工程、粮食储备、社会阶层分化、玉器漆器等都已经达到了文明阶段，但良渚文化缺少金属器具和成熟文字。

随着文明的发展，人类在思想层面和道德层面不断升华。所以，今天我们看到了更高层次的文明要素，比如：哲学是人类思想的荟萃；宗教是人类心灵的寄托；艺术是人类对万物之美的诠释。

但是，如果用进化论的思维来看，文明似乎并不是有意识地创造出来的，而是人类在生存发展过程中自然延伸出来的，以帮助人类获得更好的生存发展空间，形成更好的竞争优势。人类文明那些最重要的里程碑，如婚姻、农业、文字、印刷术，根本不是人类有意识研发出来的，而是其他有目标行为的副产品。人类文明很大程度上是一种社会发展的"副产品"，而不是由那些有着直接用途的东西造就的。

那么，面对这些纷繁复杂的文明要素，什么才是人类文明进程中能够取得成功的最为重要的因素呢？考察已知的文明历史，我们会发现很多古代的文明已经消失在了历史的迷雾中，只有少数保留了下来，只有更少的文明成为当今现实世界的主流。这里有一个需要思考的问题，即这是一种偶然还是必然？究竟什么是人类文明进程的推动力？

我们决定用历史唯物主义的观点来思考这一问题，即从生产力和生产关系的视角来分析问题：人类文明的进程从本质上说，就是对资源的创造和争夺。

首先是农业革命。只有稳定的食物供给才能实现人口的稳定增加。在农业发展中，水利工程能力是决定性的，中国在春秋战国时期就建设了伟大的水利工程，如都江堰、郑国渠、运河（邗沟），这些工程不仅有效地消除了水患，而且提升了农业灌溉能力和运输能力。古罗马的水利设施也特别引人注目。

其次是战争能力。我们发现，人类文明的相互竞争在历史的长河里通常都是通过战争来决定胜负的。战争胜败的关键是：武器的先进性、人员的战斗意志、物资的储备与动员能力、战略与战术。首要的是武器的先进性。古代的先进武器有战车、弓箭和长矛。这就需要马匹和金属，尤其是马匹，所以说农牧交错带是真正的优势地理位置。从我们本国文明的进程来看，黄河一带成为中国文明进程的获胜者，就是因为这里拥有种植业、畜牧业和冶金业。在这一区域率先发展出了战车，能够同时对北方的游牧人群和南方的种植人群形成军事优势。

其三是军事战略能力。军事战略能力指国家在战争中制定和执行有效的计划和行动，以达到预期的目标和实现利益的能力。历史上，人类经历了许多的战争和冲突，它们对人类文明的进程产生了深刻的影响。有些战争和冲突是为了争夺资源和领土，有些是为了防御侵略和压迫，有些是为了解决利益和信仰的分歧，有些是为了推动科技和文化的发展。在这些战争和冲突中，具备军事战略能力的国家或民族，往往能够取得优势和胜利，从而保障自己的安全，促进自身的发展和创新，扩大自己的利益和空间。相反，缺乏军事战略能力的国家或民族，往往会遭受失败，从而失去安全，落后于其他国家，遭受孤立和对抗，损害自己的利益和空间。回顾历史，每当军事战略能力发生重大革新时，人类的命运与社会形态也随之开启崭新的篇章。基于这个意义，把军事战略能力视为人类文明进步的"变数"之一，实在是名副其实。

其四是稳定的财政收入。回顾中国历史，春秋五霸之首是齐桓公。《史记·齐太公世家》说：桓公既得管仲，与鲍叔、隰朋、高傒修齐国政，连五家之兵，设轻重鱼盐之利，以赡贫穷，禄贤能，齐人皆说。[①] 这段文字说明齐国的管仲通过国家控制盐业的方式来增加国家财政收入。这一政策在汉武帝时期成为国策，对食盐的国家垄断成为国家赋税最大的来源。

---

① 司马迁：《史记》（卷三十二），北京：中华书局，2006年，第199页。

除了食盐，铁制品也是重要的物资。纵观中国古代历史，对盐、铁的官营或私营的争论是一个非常重要的着眼点，汉朝的皇帝甚至需要征集全国的智谋人士来召开专门的会议讨论这一问题，形成的《盐铁论》是中国古代重要的政治经济学著作。冶金和制盐可以说是古代最重要的工业，金属不仅用来制造工具、兵器，而且也用来铸造钱币；食盐则是可以垄断经营的生活必需品，而多数的食盐制造都是在滨海地带，也就是所谓的煮海为盐。《史记·吴王濞列传》有记载：吴有豫章郡铜山，濞则招致天下亡命者盗铸钱，煮海水为盐，以故无赋。国用富饶。① 因此，占有滨海地带意味着国家可拥有稳定的财政收入。这是海洋对人类文明的第一个影响因素：拥有海岸线的国家可以最有效地获得食盐。

其五是交通能力。陆地上的交通能力体现在道路修建及车辆的发明和改进，而海上的运输便利性则在地中海更为显著。舟楫之便是海洋对人类文明的第二个影响因素：拥有海上交通工具的国家能够更好地输运物资，并由此逐步发展出早期的海军。

其六是娱乐与奢侈品消费。古代人类在满足五种大宗必需品（粮、畜、盐、铁、布）消费的基础上，会希望生活过得更好一点，由此产生了种种发明。中国的发明中较为突出的是丝绸，由此而带来的中国国际贸易优势保持千年以上，并产生了举世闻名的丝绸之路。腓尼基人发明中较为突出的是从海洋贝类中提炼的紫色颜料。海上仙山和海洋珍宝的故事常常流传，这是海洋对人类文明的又一个影响因素。

其七是疾病与健康医学。人类文明进程中一个常被忽视却异常重要的因素是传染病引发的灾难，人类活动的广泛性和探索性以及早期人类对于健康医学的无知也经常导致健康灾难的发生。一些较为发达的文明在产生与发展的过程中都出现了杰出的医学家，如古希腊时期的希波克拉底和中国东汉时期的医圣张仲景。有些烈性的瘟疫甚至改变了人类文明的走向，

---

① 司马迁：《史记》（卷一百六），北京：中华书局，2006 年，第 615 页。

如东罗马帝国就是被连续的疫病折腾得人口大量丧失，以致无法组织起有效的战斗队伍；欧洲 14 世纪的黑死病导致人口减少 25% 以上，美洲印第安人的大量死亡主要是由于欧洲人带去的天花病毒的大规模传播。

其八是海上战争的决胜力。当文明进入大国竞争阶段，通过征服形成了陆地的势力范围，当陆地国家的地理范围基本划定之后，就会出现跨越更大的地理边界的争夺，其中的一个典型特征是跨越海洋的竞争。从文明历史进程中发现，一些大争斗的决定性战争都发生在海上，谁取得海上战争的胜利，谁就取得重大的优势。例如：古代世界中亚洲和欧洲的大国竞争导致了希腊与波斯的战争，决定性的战役是公元前 480 年的萨拉米斯海战，希腊获胜。

古代世界中北部非洲和欧洲的大国竞争导致了罗马和腓尼基（迦太基）的战争，史称"三次布匿战争"。由于古罗马海军的优势，最终迦太基战败并惨遭屠城，其领土成为罗马的一个省份——阿非利加行省。

阿拉伯文明与基督教文明的决定性一战是发生于 1571 年地中海的勒班陀海战。这次战争也是 16 世纪规模最大的海战，西班牙殖民帝国、罗马教廷和威尼斯共和国组成的联合舰队击败了奥斯曼土耳其帝国的舰队。

欧洲大国竞争中的关键一战是 1805 年的特拉法尔加海战，这是帆船时代海战史上规模最大的海战，英国击败法国，巩固其海上霸主地位，法国海军精锐尽丧，从此一蹶不振。

以上八个方面是我们梳理的有关文明进程的重要因素，其中，有四条与海洋关联密切。这进一步说明：海洋虽然与文明源头的诞生无关，但对于次生文明以及文明进化，特别是当文明之间出现冲突时，海洋显得尤为重要，甚至是决定性的因素。

因此，当我们回顾人类文明的海上交流历史时，可以看到，早期文明都分布于大河流域，人们沿着河道逐渐在沿海地区活动，开展不同程度的航运贸易和交流，也将军事力量投入海上角逐，后来，随着世界主要文明地区经济的普遍发展，海上贸易进一步兴盛，文化交流也更加深入，并产生了深远影响。工业革命以后，随着造船、航海技术的进步和地理知识的不断丰富，海洋作为各文明间的文化、经贸交流的纽带作用更加凸显，最后形成了一个通过海洋的连接而构成的全球化的文明圈。

结合以上这些思考，我们决定在讲解海洋在人类文明主要进程中的作用时，将主线分为三个阶段。

第一个阶段以地中海为主（文明初始至 1400 年），重点介绍古希腊海洋文明、腓尼基海洋文明、古罗马海洋文明，以及中世纪欧洲的海洋文明。

第二个阶段，人们活动的重要区域从大西洋到印度洋，然后再从大西洋和印度洋通过东、西方向到达太平洋（1400—1800 年）。这一阶段重点介绍欧洲地理大发现时代，航海所带来的贸易革命、殖民地三角贸易所带来的生产要素的国际资源调配，以及海权争斗越发激烈而导致国际法的出现。

第三个阶段主要讲通过海洋的连接而构成全球化文明圈（1800 年至今）。这一阶段以 1920 年为界，更细致地分为两个小阶段。事实上，第一次世界大战的结果几乎证明了完全的自由资本主义和帝国主义的模式注定是两败俱伤的，但这种竞争的惯性仍然带来了第二次世界大战。随着核武器的发明以及科技进步所带来的财富越来越多地指向人力资源的利用和合作共赢的经济开发模式，全球化文明圈的海洋文明进入了全新的发展阶段。

微信"扫一扫"观看视频

小　结

本章回顾了中国人认识海洋与人类文明关系的历史。从 19 世纪中叶开始，中国人走出只关注陆地的舒适区，意识到西方国家在争夺海上贸易权和军事权方面的优势，这催生了中国自强的决心。鸦片战争的惨败使中国人更加清醒地认识到自身的落后，从而掀起了洋务运动，努力学习西方的船坚炮利。本章还强调了海洋与人类文明关系在当代世界的重要性。随着科技进步和经济全球化，海洋逐渐成为各国科技竞争和经济发展的新焦点，实现海洋强国已成为中华民族伟大复兴的重要目标。

接下来，本章回顾了陆地文明和海洋文明最初的形成。文明起源于农业革命，而海洋文明则源于贸易需求，它是贸易推动的文明进程，与农业无直接关系。古希腊和腓尼基文明是海洋文明的典型例证。腓尼基人通过海上贸易将埃及和美索不达米亚的文明传播到希腊，加速了欧洲文明的形成。

随后，本章总结了海洋对文明进程的多个方面的影响。海洋在农业生产力、战争能力、军事战略能力、财政收入、交通能力、娱乐与奢侈品消费、疾病与健康医学以及海上战争的决胜力量等方面起到了推动作用。它对经济贸易、交通运输、政治扩张和科技传播等方面具有重要影响。

最后，本章提出了本书的基本框架，并介绍了接下来的章节内容。本书将以地中海、大西洋、印度洋和太平洋为主线，分为三个历史阶段，详细阐述海洋对人类文明进程的作用。第一阶段是地中海时期，第二阶段是海洋文明从大西洋经印度洋到太平洋的跨洋阶段，第三阶段则涵盖了全球化时代各国通过海洋的综合互动。这三个阶段完整地展示了海洋文明从古代到当代的演变过程。

通过全面梳理和分析海洋与人类文明关系的历史沿革和当代价值，本章为后续内容提供了坚实的基础，并承接了本书的主题和主线。

第二章　古代篇

第一节　概　述

　　本书所要阐明的核心主题是海洋在人类文明发展历程中的作用，这种作用的趋势是越来越强的。回望历史，我们已经知道 15 世纪出现的地理大发现时代是整个文明走向发生转折的一个重要节点。因此，我们将整个文明发端至 1400 年作为第一个历史阶段，合称为古代。由于本书在绪论中已经阐述了由于自然地理的优势，欧亚大陆的文明在农业革命后因种植、畜牧、冶金三者齐备而逐步发展，因此，我们在这里将重点放在欧亚大陆的文明进程变化，并同时关注海洋作为文明推动因素的作用。

　　正如我们所知，欧亚大陆的文明创始源头是以大河文明为特征，主要包括尼罗河文明、两河文明、印度河文明和黄河文明，这些文明逐渐创立了国家，分别为：古埃及、古巴比伦、古印度和中国。其他地区也逐渐出现较为发达的人类文明，如古希腊城邦、腓尼基城邦和波斯、亚述、以色列王国等，最集中的区域是地中海小亚细亚地带、西亚、北非地区、两河流域及附近肥沃的土地，这些区域被称为"新月沃地"（Fertile Crescent）。由于早期的激烈争斗以及其北部游牧区民族的侵袭，在这一区域发生了很多古国的兴衰存亡与定居地族群的迭代更替。一般认为，除古文明中的中国外，其他欧亚大陆的文明定居点都受到北方半游牧民族的进攻，他们占据了现今的印度、波斯和希腊这些地方，这些人群就是现在历史书上所称的古印欧人群（也称作雅利安人），他们使用的语言被称为古印欧语。由于历史记载模糊不明或真假难辨，其真正史实的考证都只是在近代考古学取得进步之后才逐步取得的。这种了解往往并不全面。例如，荷马史诗《伊利亚特》中关于特洛伊的记载直到1871年通过德国学者谢里曼的考古发掘才被证实；希腊神话中关于克里特岛的传说，直到1900年通过英国学者埃文斯的考古发掘才被证实；古埃及、古亚述、古以色列、古印度的历史记载虽有流传，但因其内容常常夹带很多神话、宗教色彩和失真传说，为历史事实的识别制造了很多困难，不少历史也都是在近代考古发掘兴盛之后才得以确证的。中国的古文明历史识别也曾遇到同样的问题，商朝的历史是在1900年前后发掘出安阳甲骨文之后才被证实确认，对于更早期的历史，比如夏朝的历史至今也没有明确定论。

那么，如何来确定海洋与人类文明研究的历史开端呢？我们的考虑有两个：一是依据中国的历史坐标进行分析；二是依据"轴心时代"各文明中出现的超越和突破。

作为中国学生是最为幸运的，因为我国的古代历史放在全世界都是非常灿烂辉煌的。我们可以自豪地说，我国是世界上唯一从公元前841年至今都有准确历史纪年的国家，《二十四史》《资治通鉴》是世界史学史上为数不多的连续性记载；我国是世界上代表青铜文明的青铜礼器制作最为庞大、最为多元的国家，即使传说的国之重器大禹九鼎已消失不见，但是仍然保存在各个博物馆的青铜器，如后母戊大方鼎、四羊方尊、毛公鼎、大克鼎、大盂鼎、利簋等，依旧名列世界前六名；那些用于呈现青铜器造型的中国字，连今天的中国人也会叹为观止（鼎、爵、角、觥、尊、壶、盉、簋、斝、卣、瓿、罍）；中国是世界文明历史上唯一的人种、文字传承从未间断并流传至今的国家；中国是世界文明历史上延续至今且一直维持较大人口数量的国家，因为中国的农业生产技术一直十分先进，我们创造了许多水利工程、龙骨水车及各种农具；中国在文明初始至1400年的军事实力始终名列前茅——我们的冶金技术，特别是炼制青铜、生铁、钢铁，在这段历史时期都居于领先，并且发明了连弩、火药等军事武器及技术；中国自汉朝以来几乎一直与他国进行贸易，丝绸之路就是汉武帝时期开创的。本书有关中国的历史坐标，就是从春秋开始（孔子在公元前551年出生），接下来是公元前221年经过战国之后的秦朝统一六国，然后是西汉和东汉，再经过三国、两晋、南北朝后再次统一于隋朝（580年），然后经过唐、五代十国、两宋到元朝（1271年），取代元朝的明朝创立于1368年。本书的古代篇相当于从春秋到元朝，这一跨度是比较大的。但对于确定古代篇的起始点是比较清楚的，那就是公元前6世纪。

"轴心时代"是雅斯贝尔斯在1949年出版的《历史的起源与目标》（*The Origin and Goal of History*）中提出一个很著名的命题。公元前800年至公元前200年的这一时期，雅斯贝尔斯称之为人类文明的"轴心时代"。这一时期，在北纬25度到35度之间的区域，人类文明在精神方面取得了巨大的进步。各地文明都诞生了众多卓越的智者和导师，如古希腊的苏格拉底、柏拉图和亚里士多德，古以色列的犹太教先知，古印度的释迦牟尼，中国的孔子和老子。他们的思想奠定了各种文化传统的基础，并一直影响着人类的生活方式。而且更重要的是，虽然中国、印度、中东和希腊之间有千山万水的阻隔，但它们在"轴心时代"的文化却有很多相通的地方。

在那个时代，古希腊、中东地区、中国和印度的古代文化都发生了"终极关怀的觉醒"①。换句话说，这几个地方的人们开始用理智的方法、道德的方式来面对这个世界，同时也产生了宗教，这是对原始文化的超越和突破。而超越和突破的不同类型决定了今天西方、印度、中国不同的文化形态，这些"轴心时代"所产生的文化一直延续至今。

根据以上两种观点，本书将古代篇的第一阶段划分为公元前6世纪—前3世纪。以此为思路，本书进行进一步的划分，由于本书的目的是要通过梳理欧亚大陆的文明进程来分析海洋作为文明推动因素的作用，因此，

---

① ［德］卡尔·雅斯贝尔斯：《论历史的起源与目标》，李雪涛译，上海：华东师范大学出版社，2018年，第8－29页。

我们将目光聚焦于地中海周边国家的兴衰。那么在世界历史中，第一阶段对应的是古希腊文明发展较为迅速的阶段。第二阶段则是从公元前 3 世纪崛起至公元 476 年西罗马帝国灭亡，这一阶段的前期是古罗马的强盛期（这一时期到五贤帝时代结束，相当于中国东汉末期），后期是古罗马的混乱期（相当于中国的三国、两晋时期）。第三阶段则是西罗马帝国灭亡后持续时间很长、相对混乱的中世纪，在此期间对于地中海邻近区域来说，主要是东罗马帝国（也称为拜占庭帝国）和公元 7 世纪崛起的阿拉伯帝国的对抗时期，这一阶段可以粗略划分至 10 世纪末；第四阶段则从 11 世纪的英国诺曼征服以及基督教文明与伊斯兰文明的对抗开始，直到 1400 年。1400 年是本书的古代篇与近代篇的历史分界线。

表 2－1 列出了一些公元前 6 世纪至 1400 年间与海洋有关的人类文明发展大事记。我们做一简要概述。

表 2－1　与海洋有关的人类文明发展大事记（公元前 6 世纪至 1400 年）

重大事件	时间/地点	备注
萨拉米斯海战	公元前 480 年 地中海	希腊与波斯的战争，结果为希腊获胜 史料记载：希罗多德《历史》
伯罗奔尼撒战争	公元前 431—前 404 年 希腊半岛及邻近海域	斯巴达联盟战胜雅典联盟，被称为"古代世界大战" 史料记载：修昔底德《伯罗奔尼撒战争史》
布匿战争	第一次战争（公元前 264—前 241 年） 第二次战争（公元前 218—前 201 年） 第三次战争（公元前 151—前 146 年） 地中海及其沿岸	古罗马和迦太基争夺地中海统治权，最终迦太基战败，惨遭屠城，领土成为罗马的一个省份——阿非利加行省
马其顿战争	第一次战争（公元前 214—前 205 年） 第二次战争（公元前 200—前 196 年） 第三次战争（公元前 172—前 168 年） 第四次战争（公元前 150—前 148 年） 希腊及邻近海域（地中海东部）	罗马打败了由亚历山大大帝建立的马其顿帝国，控制了整个希腊。其关键一战是第二次马其顿战争时，罗马舰队摧毁了马其顿帝国的海军

重大事件	时间/地点	备注
高卢战争	公元前58—前50年 高卢地区（法国及邻近地区）	罗马打败高卢人 史料记载：恺撒《高卢战记》
阿克提姆海战	公元前31年 地中海	罗马统治权之争，屋大维击败安东尼占领埃及，从而成为全罗马的统治者，地中海成为罗马的"内湖"
黑斯廷斯战役	1066年10月14日 英国临加来海峡的城市	诺曼底人威廉战胜英国本土贵族，成为征服者，建立诺曼底王朝
十字军东征	1096—1291年 共计9次战争 地中海东岸地区	持续近200年，由西欧的封建领主和骑士以宗教名义发动的战争。十字军东征促进了欧洲的商业和城市发展，引入了火药、罗盘等先进技术
汉萨同盟	公元13—14世纪 科隆、吕贝克、汉堡和不来梅等北海至波罗的海的沿海商业城市	北欧德意志人商业经济同盟汉萨同盟的重点是建立海军，打击海盗，保护商船、商站
文艺复兴开始	14世纪中叶 意大利城邦国家	欧洲发生的人文主义思想文化运动，成为中世纪结束并逐步过渡到现代社会的开端

　　第一阶段主要是古希腊文明发展较为迅速的阶段，这一阶段中与之相关的还有腓尼基城邦文明，而希腊与波斯帝国的争斗尤其引人注目，我们将在后续章节进行分析。希波战争结束后，希腊城邦同盟获得了海上霸权，最后引发了以雅典为首的提洛同盟与邻近的以斯巴达为首的伯罗奔尼撒联盟的战争，伯罗奔尼撒联盟战胜提洛同盟，这场战争以"古代世界大战"之名被记录在修昔底德的著作《伯罗奔尼撒战争史》中，该书提出的历史命题"世界强国的老大与老二之争"被称为"修昔底德陷阱"，这是当前政治学家非常关注的一个命题。数十年之后，希腊城邦文明被北部马其顿帝国的亚历山大大帝所征服。但亚历山大帝国很不稳定，很快分裂，为后续的罗马帝国崛起创造了条件。

　　第二阶段是古罗马文明迅速发展的阶段。在此时期出现了横跨欧亚大陆的四大帝国（中国的两汉王朝、罗马帝国、安息帝国和月氏人建立的贵霜帝国），这部分在后续章节将进行阐述与分析，这里不再赘述。

　　第三阶段是欧洲的中世纪，罗马帝国于 395 年一分为二（西罗马帝国和东罗马帝国）。当西罗马帝国灭亡后，一些欧洲国家出现在世界舞台上，它们由日耳曼人和诺曼人的族群构成，这些族群逐步接受了基督教（基督教先被古罗马皇帝君士坦丁于 313 年承认，并于 393 年认定为罗马国教），并在相互争斗中逐步形成了封建制的国家雏形。而拉丁人为主的东罗马帝国存在于阿拉伯帝国和西欧国家的双重压力之下。比较突出的历史阶段就是欧亚大陆上法兰克帝国、东罗马帝国、阿拉伯帝国和中国的唐朝并存的时期。这一阶段的历史变迁中，公元 536—546 年期间有两个偶然的灾难性事件，还有一件在 610 年发生的人为重大事件，都产生了深远的影响。

　　第一个偶然事件是 536 年的气候灾难，这一年被称为"永冬之年"（The year that winter never ended）。当时，太阳开始在白天变暗，月亮在晚上变暗，昏暗持续了超过一年，夏天有霜冻，冬天从来没有真正的结束，同时海洋从这一年 3 月 24 日直到下一年 6 月 24 日波涛动荡。现代科学研究认为是因为火山喷发，主要是冰岛的火山爆发和美国加利福尼亚的火山喷发同时发生，然后灰尘刮到世界各地，使整个世界温度骤降，严重时夏季温度下降至只有 1.5～2.5℃，造成欧洲、中东和亚洲部分地区农作物产量骤减，引起普遍的饥荒，这次自然灾害造成的影响可能长达一个世纪。这次事件带来的低温直接导致地处北部的人口向南移动，根据早期英国历史的记载，盎格鲁－撒克逊人就是在这个时候迁徙到了英格兰。

　　第二个偶然事件是 542 年的瘟疫，主要发生在东罗马帝国范围内。当时的东罗马帝国正处于复兴阶段，帝国拥有一位卓越的领袖查士丁尼大帝（527—565 年在位）。查士丁尼大帝自 532 年开始发动了重新统一罗马帝国的行动，经过十多年的征战，相继灭亡汪达尔王国、东哥特王国，远征西哥特，收复了原西罗马帝国的大部分领土，但是非常遗憾的是，此时帝国爆发了大瘟疫，史称查士丁尼瘟疫。根据欧洲中古史学者的研究，这次瘟疫大流行最早是在 541 年爆发于埃及（有争议），到了第二年（542 年）春天就传播到了东罗马帝国的首都君士坦丁堡，并很快覆盖整个帝国。更可怕的是，伴随着地中海的贸易和拜占庭帝国的军事行动，这场疫病在一个多世纪里持续蔓延至整个欧洲，导致东罗马帝国丧失了至少 1/3 的人口，帝国劳动力骤减，社会生产力、军队战斗力严重下降（有资料显示，查士丁尼前期的军队人数在 68 万人，瘟疫之后下降为 15 万人）。由于年代久远、史料缺乏，这次瘟疫流行造成的具体死亡人数已经很难确定了，估计在 2 000 万人左右。可以说，整个东罗马帝国从此一蹶不振，创造了古罗马辉煌文明的拉丁人几近灭绝。近年来，科学研究认为查士丁尼瘟疫是由鼠疫导致的。

610 年发生的人为重大事件，是在一向并不起眼的阿拉伯半岛诞生了一个新的宗教——伊斯兰教，由穆罕默德创立。伊斯兰教产生之后，统一了当地族群的思想，形成了强大的军事战斗动员能力，在几任哈里发的领导下建立了政教合一的国家，并迅速扩张，至 661 年建立了阿拉伯帝国的倭马亚王朝。阿拉伯帝国极盛时期的疆域东起印度河及葱岭，西抵大西洋沿岸，北达高加索山脉、里海以及法国南部，南至阿拉伯海与撒哈拉沙漠，国土面积达 1 340 万平方千米，是世界古代历史上东、西方跨度最大的帝国之一。整个阿拉伯帝国统治时期的 600 年（倭马亚王朝 661—750 年；阿拔斯王朝 750—1258 年）都是极其强盛的，是继波斯帝国、亚历山大帝国、罗马帝国、拜占庭帝国之后地跨亚欧非三洲的大帝国。

第三阶段的主角是地中海周边的东罗马帝国和阿拉伯帝国，这些帝国的兴衰一则与海洋的关联度较小，二则与今后成为主流的文明关联度也较小，因此，在表 2-1 中没有列出这一时期的许多重要历史事件，仅在文中进行简要的阐述。事实上，这一历史时期更多地是成为后续文明进程的背景，如西罗马帝国和东罗马帝国的相继衰败为西欧日耳曼人和诺曼人的崛起提供了生态空间；阿拉伯帝国的强盛阻断了东、西方的丝绸贸易和香料贸易，引发了大航海探险活动。

第四阶段是从 1000—1400 年，这一阶段出现了人口的恢复性增长。一般认为，3.5 万年前智人群体大概有 400 万人，至 1 万年前发生农业革命后人口增长至 600 万人，到汉朝和古罗马强盛期，世界总人口 2 亿多人（其中，中国和古罗马各约 5 000 万）。以中国为例，中国人口数量第一个高峰出现在汉朝，直到 960 年建立宋朝之后人口数量才重新恢复到汉朝的水平。

从地中海周边的文明进程来看，第四阶段有三个方面的重大转变。第一是西欧人特别是原欧洲北部诺曼人的崛起，诺曼人是维京人向南迁徙的一个分支，由于这个族群原本善于航海，当他们迁居到欧洲大陆相对南部的区域，在地中海的争夺中逐渐占据了上风，并且以这些人为主发动了十字军东征，建立了骑士团。第二是着重于商业贸易的海洋城市与联盟的成立与兴盛，最突出的是意大利城邦文明和欧洲北部的汉萨同盟，是今后海上贸易的基础。第三是西欧人和阿拉伯人几经战斗较量后逐步达成了势力范围的平衡，由此走向了国际政治的平衡。随着阿拉伯帝国的亚洲中心被蒙古帝国占领，意大利商人马可·波罗开始了一场旅行，把东方世界的神秘和富裕介绍给了西方，从而为下一个历史阶段（欧洲人走向历史舞台中央）拉开了序幕。

微信"扫一扫"观看视频

第二节　第一个海洋贸易国家

世界上最初依靠海洋贸易立国的是腓尼基人。他们被认为是文明史中最早的航海者、提尔紫（Tyrian purple）的发明者、腓尼基字母的发明者、大西洋的发现者、地中海海上贸易王国的建立者。

腓尼基人是历史上一个古老的民族，自称为"闪米特人"，又称"闪族人"。其核心生活区域大概位于今天地中海东岸的巴勒斯坦、黎巴嫩和叙利亚沿海一带，《圣经》中提到的富裕的城市提尔就是腓尼基人建立的，而与以色列国王大卫战斗的迦南人和非利士人大概都属于我们现在通称的腓尼基人。腓尼基人曾经建立过一个高度文明的古代国家，公元前10世纪至公元前8世纪是腓尼基城邦的繁荣时期。在上一章中我们提到希腊神话中克里特文明的创始人之一欧罗巴就是一位腓尼基公主。

腓尼基人是古代世界著名的航海家和商人，他们驾驶着狭长的船只踏遍地中海的每一个角落，地中海沿岸的每个港口都能见到腓尼基商人的踪影。腓尼基人建造了当时最好的桨帆船。腓尼基人在长期的航行中，通过观察日月星辰，创建了初步的天文航海学。据记载，腓尼基人可以依靠北极星来辨别海上航行的方向。

腓尼基人被认为是大西洋的发现者，而且早在公元前1000年左右，腓尼基人就可能发现了直布罗陀海峡，并看到了海峡外的大西洋。但大西洋对于当时生活于地中海周边的古人来说实在是太危险了。所以，当时的人们把直布罗陀海峡称为"地狱之门"，把直布罗陀海峡突起的山峰称为"海格力斯①之柱"。希罗多德的《历史》记载，腓尼基曾经受到埃及法老的雇佣，在公元前7世纪，从埃及三角洲出动了三艘船，先驶入红海，然后沿着非洲海岸向南航行，最后他们竟然绕过直布罗陀海峡进入了地中海，并回到了埃及。

腓尼基语有两套字母，最初使用苏美尔人的楔形文字，公元前1000年左右设计出线形字母。他们创立自己文字的历史已经无法考证，很可能是腓尼基人在和埃及文化接触时从埃及象形文字中截取符号，创造为字母。但不管怎么说，腓尼基字母对其他语言的发展有着深远的影响，它是许多后来的字母文字的祖先。

---

① 古希腊神话传说中的大力神。

"腓尼基"（Phoenicia）是古代希腊语，意思是"绛紫色的国度"，因为腓尼基人居住的地方盛产紫红色染料，被称为"提尔紫"。传说，这种颜料的发现最初是因为有一条狗吃了一种海螺的肉，嘴巴出现紫红色。根据历史记载，腓尼基人从地中海的深海中采捕这些螺类，然后把螺肉挖出来，捣成糊状后，先在太阳底下晒（这一过程使得海螺组织内的氧化酶发生氧化反应，将原来蓝色的化合物转化为紫色的化合物），三天之后再加入盐和水蒸煮，可以提取获得紫色的染料结晶体。在染色时，通过弱碱性的稀碱溶液可将颜料溶解，渗入织物中，然后再经过空气氧化后固着于纤维内部，使织物着色。从化学结构来看，提取的颜料是6,6′-二溴靛蓝（也称"提尔紫"或"贝紫"），其提取量大约是1万个海螺产生1克染料，所以非常稀有而昂贵。由于异常珍贵，染料成为公认的奢侈品，古罗马的贵族特别喜欢，尤其喜欢在丝绸的边缘进行染色。考古发现，当年腓尼基人制造使用过的海螺壳堆积成了40米高的小山。这种奢侈品贸易使腓尼基人积累的财富受到周边国家的垂涎。

腓尼基人建立的沿海定居点，形成了从地中海西边至北边的多个贸易中心，包括提尔城、迦太基城等，每年都有庞大的经商收入。迦太基拥有庞大的船队，在海洋贸易中沿海路贩运奴隶、金属、奢侈品、酒和橄榄油等，商业活动很蓬勃。腓尼基人的家庭式手工业也很发达，其中纺织品最为著名，同时他们作为贸易中间商十分活跃，从埃及进口小麦和亚麻，从塞浦路斯进口铜，从中亚进口铁、锡、青铜。他们首先在塞浦路斯建立了殖民地，其后势力扩展到意大利和北非，并建立了迦太基城（大致位于今天的突尼斯）。由此形成了长达数百年的海上贸易王国。

腓尼基为什么被灭国？

腓尼基人所创立的文明有四个重大的缺陷。第一是他们从未建立过统一的国家，仅仅在政治上建立了松散的城邦联盟，且经常发生内斗，这一点和早期的古希腊文明很像。第二是他们缺少强有力的农业支撑，一旦被围困就难以长时间地坚守。第三是由贸易导致的定居意识不强，使集体团结的政治动员能力不够，尤其是同属腓尼基人的城邦之间共御外侮的意识不强，也许他们的商业文化中缺少一种强大的政治哲学。第四是他们的军事能力可能也不够强大。腓尼基人通过贸易积累了大量的财富，反而成为邻国觊觎的目标。

腓尼基人建立的各个城邦小国在历史上被数次灭国，但由于它是城邦国家，在地中海沿岸有很多定居点，所以腓尼基人也很顽强，数度振兴。

最初受到的一次致命攻击就是荷马史诗《伊利亚特》中记载的特洛伊战争。在争夺地中海海上霸权的时候，腓尼基人的重要城市特洛伊被古希腊的迈锡尼文明所击败，并遭屠城。这个传说还有一个后续：那就是特洛伊的一个王子埃涅阿斯趁乱逃脱，先投靠了迦太基人，后来到达了现在的意大利罗马，被认为是罗马人的祖先，这个故事记载在古罗马诗人维吉尔（Virgil）写的《埃涅阿斯纪》（Aeneid）中。相传，埃涅阿斯在迦太基的时候，爱上了迦太基女王，但埃涅阿斯在梦中得到神谕，让他离开此地去开创属于自己的领地。迦太基女王因此很难过，她自焚而死，并且发下诅咒，让迦太基人永远与特洛伊人为敌。

第二次受到的致命攻击是在亚历山大时代。亚历山大大帝是希腊半岛上马其顿王国的国王，他创建了人类史上最大的帝国之一，从爱奥尼亚海一直延伸到印度河。公元前334年，亚历山大率领约5万名士兵渡过达达尼尔海峡开始了征服世界之旅。公元前332年，亚历山大攻打腓尼基城市提尔（Tyre），经过一段长久的围城之战，他最终占领了提尔，并屠杀了城内所有青壮年，将妇女儿童卖为奴隶。

第三次是最后的致命打击，其敌人就是古罗马。古罗马在公元前146年将腓尼基人的最后一个据点迦太基夷为平地，并屠城。腓尼基人从此消失在历史的迷雾中。

事实上，有关腓尼基人的一切历史都是其他民族记载中留下的只语片言。这可以说是一个悲惨的历史结局。从之前总结的腓尼基文明的缺陷中可以看出，纯粹的贸易强国是无法长期立足的，缺少强有力的军队和政治一体化的军事动员能力，无法面对弱肉强食的竞争；松散的城邦文明在历史中也是无法长期立足的，希腊城邦也有高度发达的科学和民主，但很轻松地被马其顿王国击败；意大利城邦也是别国军事欺凌的对象，狭长的、没有腹地的国家很难在古代战争中获胜。

微信"扫一扫"观看视频

第三节　第一场国际海洋战争

第一场国际海洋战争发生于公元前 480 年，地点是爱琴海中靠近希腊雅典的一个海湾，史称"萨拉米斯海战"（the battle of Salamis）。在这场古希腊与波斯之间的战争中，希腊获胜。记录这场战争的学者希罗多德被公认为"历史之父"，因为他写的这本书名字就叫《历史》。

这场战争的背景是波斯帝国正在走向扩张。公元前 559 年，居鲁士二世（约公元前 576—前 530 年）建立波斯帝国。居鲁士是一位传奇君主。据希腊历史学家希罗多德在他的巨著《历史》中记载，居鲁士的外公是米底王国的国王，在居鲁士出生时下令杀死他，居鲁士被国王手下的牧羊人所救。他 17 岁就统一了波斯的十个部落，成为波斯人的首领；23 岁时起义反抗米底王国；37 岁降服巴比伦。大流士一世（约公元前 550—前 486 年）在统治时，采取了一系列改革，波斯帝国达到鼎盛时期。公元前 513 年，大流士一世攻占色雷斯，使波斯疆域与希腊接壤。波斯帝国疆域横跨亚洲、非洲、欧洲三大洲，是世界历史上第一个横跨欧亚非三洲的大帝国。在大流士一世统治时期，波斯帝国为征服希腊城邦，发动了希波战争，一直持续到薛西斯一世和阿尔塔薛西斯一世时期。

古希腊是一个城邦国家，大约在公元前 2000 年，亚该亚人、爱奥尼亚人、伊奥利亚人、多利安人等部落从巴尔干半岛北部进入希腊，并在公元前 8—前 6 世纪，建立了雅典、斯巴达等奴隶制城邦国家。古希腊人又自称为"海伦人",古希腊文化又称为"海伦文化"。古希腊的源头并不可考,只有一些吟游诗人的故事对此有所提及。但有两点是可以确定的:一是古希腊人信神,奥林匹亚山是他们的神山,雅典卫城是他们的最高保护地;二是古希腊人善于航海,建有海军。

公元前 480 年,波斯国王薛西斯一世率 70 万大军、战舰 800 艘,渡过达达尼尔海峡,分水陆两路远征希腊。希腊联军中陆军只有数万人,战舰 400 艘。波斯军队一路过关斩将,甚至已经拿下雅典卫城,最后的决战在海上展开。这是第一场有记载的洲际海洋战争,双方实力相差悬殊。

这场战争的结果是以希腊取得全面胜利而告终,从此波斯帝国再也没有踏上欧洲大陆。关于这场战争是如何展开的,史家虽然有不少研究,但毕竟时代久远。不过有三点是可靠的:第一是战斗人员,波斯人的海军是雇佣兵,就是腓尼基人,而希腊海军完全是自己的部队。第二是战斗士气,波斯军队人员庞杂,前面的胜利也使统治者产生了轻敌和骄傲的情绪,雇佣兵此时可能更多地在想着如何掠夺利益,而希腊人则同仇敌忾,希腊的海军将领还告诉希腊士兵一个神秘的神谕,说是希腊将在这场战争中得救,使希腊军队士气大振。第三是战斗部署,波斯海军被封锁在萨拉米斯海湾内,希腊舰队呈两线队形突然发起攻击,发挥其船小灵活、在狭窄海湾运转自如的优势,以接舷战和撞击战反复突击波斯舰队,经过一天激战,波斯舰队遭到重创。

萨拉米斯海战扭转了整个希波战争的战局,第二年(公元前 479 年),以斯巴达军团为核心的希腊联军又在普拉提亚彻底击败波斯陆军,从此战争的主动权完全被希腊人掌握,最后不仅将波斯人彻底驱逐出欧洲,而且还解放了在小亚细亚沿岸长久以来被波斯占领的各希腊城邦。公元前 449 年,战争双方签订《卡里阿斯和约》,持续约半个世纪的希波战争至此正式结束。

萨拉米斯海战的胜利,开创了雅典的黄金时代。在这个时代,雅典人取得了海上实力和商业方面的优势,他们的知识分子和艺术家们也取得了出色的成就——为西方文明奠定了基础。

古希腊有创造了《波斯人》的剧作家埃斯库罗斯。埃斯库罗斯是古希腊"悲剧之父",与索福克勒斯和欧里庇得斯一起并称为古希腊三大悲剧诗人。《波斯人》上演于公元前472年,是独立的悲剧,也是诗人唯一取材于现有的历史题材的悲剧。它是埃斯库罗斯在希腊戏剧性地战胜波斯的萨拉米斯海战8年后创作的纪念性剧作。

《波斯人》的背景是波斯王宫,由报信人报告波斯海军在萨拉米斯海战中全军覆没。剧中的情景很能引起人的忧虑和感伤:当战争失败的消息传回波斯后,大流士的鬼魂出现,他责备他们不该去攻打希腊,因为他们亵渎了神明,毁坏了希腊的神殿。他还告诫他的儿子薛西斯和长老们要牢记失败的教训,不要摒弃眼前所有的幸福,不要贪得太多,反而浪费了大量的人力物力。

这个剧本中有一个重要思想,就是希腊人打仗是因为每个人都想自由,不想被征服,而波斯军队的士兵则几乎全是奴隶。因此波斯军队的失败,对于生活在亚细亚大地的波斯人是一种福音,他们也必将起来寻求自己的解放。

剧中的原文中有这样的段落:

> 全亚细亚的人民不再遵守波斯的王法,不再受国王的威迫前来进贡,不再伏在地下敬畏至尊:因为波斯的王权已经崩溃了。
>
> 他们不再保守缄默,暴力的钳制既然松懈了,他们便会自由议论。波斯的一切都埋藏在萨拉米斯岛上血红的泥沙里。①

从这段描写中可以看出,希腊为什么会被称为"西方文明的源头",为什么希腊虽然在后续的历史中几次被征服,但文明却流传至今。这段话也让我们看到了历史唯物主义的另一个方面:文明的发展不仅取决于物质

---

① 《埃斯库罗斯悲剧六种》,罗念生译,上海:上海人民出版社,2016年,第37页。

资源，还取决于文明的另一个支柱，即精神文明的力量，这是不可忽视的。古希腊人即使被征服了，也总能得到优待，这正是文化的魅力。有着精神动力的文化既能在民族强盛时起到激励作用，也能在民族衰落时起到保护作用。

萨拉米斯海战奠定了雅典海上帝国的基础，强大无比的波斯帝国却从此走向衰落。公元前334年，马其顿国王亚历山大三世东征，进攻波斯帝国。衰败的波斯帝国一溃千里，丢失大片领土。公元前330年，波斯帝国末代国王大流士三世被杀，波斯帝国灭亡。

微信"扫一扫"观看视频

第四节　第一个真正的海洋霸主

历史上第一次将整个地中海变成一个国家的内海（也是从古至今唯一的一次），是罗马帝国的创举。

古罗马的历史可以说是战争的历史，征服的历史。这种规模的征服在历史上可能也曾存在过，比如亚述帝国、波斯帝国、马其顿帝国的扩张，但相对于古罗马的成就来说，这些都显得黯然失色。原因就在于罗马帝国不仅战绩辉煌，而且创造了史无前例的、独特的治理制度和物质文明，直到今天，古罗马的法律、拱顶式的建筑、混凝土道路、军队建制以及水渠等都仍然受到现代文明的重视。古罗马是人类文明史上永恒的经典。

古罗马在兴起之初，只是占据了亚平宁半岛，地中海周边还有众多的国家，因此，古罗马对地中海周边地区展开了长期的征服战争。其中，重要的征服战争包括：

布匿战争：第一次战争（公元前264—前241年）、第二次战争（公元前218—前201年）、第三次战争（公元前151—前146年）。战事主要发生于地中海西部及其沿岸，由古罗马和迦太基争夺地中海统治权，最终迦太基战败，惨遭屠城，其领土成为罗马的一个省份——阿非利加行省。

马其顿战争：第一次战争（公元前214—前205年）、第二次战争（公元前200—前196年）、第三次战争（公元前172—前168年）、第四次战争（公元前150—前148年）。战事主要发生于希腊及邻近海域（地中海东部），古罗马打败了马其顿王国，控制了整个希腊。其关键一战是第二次马其顿战争时，古罗马舰队摧毁了马其顿王国的海军。

高卢战争：发生于公元前58—前50年的高卢地区（法国及邻近地区）。古罗马人最终打败高卢人，罗马军队的统帅恺撒将这段经历写成了战争回忆录《高卢战记》，成为不朽的文学作品。

阿克提姆海战：发生于公元前31年的地中海，这是一场关于争夺罗马统治权的战争，可以说是一场罗马帝国的内战，参战双方都是恺撒的部属。结果是屋大维击败了安东尼，占领埃及，从而成为全罗马唯一的统治者。公元前27年，元老院授予屋大维"奥古斯都"称号，古罗马文明由此进入帝国时代。

由此，一场又一场的征服战使地中海成为古罗马的内海，古罗马在其征战的数百年时间里可以说是常胜将军。

罗马帝国在公元2世纪的安敦尼王朝时期（96—192年）达到极盛，经济空前繁荣。此阶段，主要有五位贤明的皇帝连续统治罗马广大的疆域，并进一步开疆拓土。古罗马五贤帝为：涅尔瓦（Nerva，统治期为96—98年）、图拉真（Trajan，统治期为98—117年）、哈德良（Hadrian，统治期为117—138年）、安敦尼·庇护（Antoninus Pius，统治期为138—161年）、马可·安东尼·奥理略（Marcus Anthony Aurelius，也有译为"马可·安东尼·奥勒留"，统治期为161—180年）。图拉真在位时，帝国疆域面积达到最大：西起西班牙、高卢与不列颠，东到幼发拉底河上游，南至非洲北部，北达莱茵河与多瑙河一带，地中海成为帝国的内海。全盛时期罗马帝国控制了大约500万平方千米的土地，是世界古代史上国土面积最大的君主制国家之一。罗马帝国得到了近100年的和平与安定，政治清明、经济发展、社会繁荣、人民富裕，这一时期被称为"罗马和平"（the Pax Romana）。

古罗马时期，欧亚版图上出现的四个较大的帝国，分别是罗马帝国、安息帝国、贵霜帝国和中国的两汉王朝。最西边是罗马帝国；最东边是中国的两汉王朝（公元前202—公元220年）；中间靠西为安息帝国（公元前247—公元224年）又称为"帕提亚帝国"，是马其顿帝国崩溃之后波斯人的一次文明复兴，但其文化深受希腊文化影响；中间靠东是贵霜帝国（公元前55—公元425年），是由月氏人建立的。

说起月氏人，就不得不说一下汉武帝时代的张骞出使西域。这是人类文明交往史上的壮举。西汉建元二年（公元前139年），张骞奉汉武帝之命，从大汉帝都长安出发，由甘父做向导，率领100多人出使西域。张骞最初的出使目的是联络月氏人，以对匈奴帝国实施两面夹击，但月氏人被匈奴打败被迫西迁后，不愿攻打匈奴。张骞则带回了很多西域的情报和物产，从西域诸国引进了汗血马、葡萄、苜蓿、石榴、胡麻等物种到中原，汉武帝以军功封其为博望侯。其后，汉武帝开始了攻击匈奴的大反击。自公元前119年起，卫青、霍去病率军在5年内进行了6次大反击，六战六捷，占领今蒙古全境及贝加尔湖地区，封狼居胥山，基本解除了匈奴对汉朝的军事威胁，也为后续的文明交往提供了空间。汉朝的商队打通了张骞出使西域的道路，继续开拓贸易之路，从此开创了人类文明史上的丝绸之路。

丝绸之路的顺畅主要得益于此时欧亚大陆的帝国文明性。在沿线的各帝国内，已经有一个显著的主流文明，在政治社会、科学技术、语言文化、艺术、军事等方面都具有较高水平。文明之间通过相互的贸易和文化交往诞生出了次生文明的文化融合，加深了社会的多元化和思想的碰撞与相互借鉴。在帝国统治之下，周围的民族也不可避免地受到辐射影响，构成了一定范围的"帝国文化圈"。这种持久的影响带来了思想、生活、文化的习惯和习俗——即使征服带来改朝换代，但在征服后人们原来的生活方式总体上被认可和允许，基本保持不变。而丝绸之路所带来的东西方文明交流可能正是使人类思想具有包容性的第一次伟大飞跃。

其后，在东汉永元九年（97 年），甘英奉西域都护班超之命出使大秦（即罗马帝国），但仅抵达波斯湾一带，最终没有到达罗马，错过了两国直接交往的机会。直到东汉延熹九年（166 年），《后汉书·西域传》记载："大秦王安敦遣使自日南徼外献象牙、犀角、玳瑁，始乃一通焉。"① 据考证，这位大秦王安敦应该就是古罗马五贤帝的最后一位马可·安东尼·奥理略。但非常遗憾，五贤帝后，罗马进入了动乱时期，而中国的两汉王朝也即将结束，各自又都开始忙于内部事务。

罗马帝国的强盛时期大致与中国的东汉时期相对应。两国人口情况如下：据东汉永寿三年（157 年）统计，全国有户 10 677 960，人口 56 476 856。② 罗马帝国人口没有详细的统计，其人口主要是后来各个时期的历史学家估算出来的，且数量上出入很大。18 世纪的爱德华·吉本根据税收和军费推测，认为罗马帝国极盛时代人口达到了 1.2 亿，但这一数字被后人认为过高。19 世纪的布别洛赫则通过考据罗马经典和研究地中海经济，估算出奥古斯都时代的罗马人口为 5 400 万，而 2 世纪晚期的罗马人口为 8 000 万~1.2 亿。20 世纪的历史学家们则普遍降低了对罗马人口的估算，一般认为罗马帝国的人口峰值在 4 000 万~7 500 万。而这样的人口数量在古代历史上也是非常惊人的。

古罗马和中国汉朝在接受邻近地域文明的输入时还是有所差异。古罗马在征服古希腊后受到古希腊文化的很大影响，而中国则更坚持本土文化，特别是汉武帝提出罢黜百家、独尊儒术之后，形成了稳定的中国政治哲学文化。从宗教上来说，古希腊宗教对古罗马早期的宗教有所影响，在公元 4 世纪古罗马将基督教定为国教，而中国虽然有佛教的引入，但始终以儒家文化为中心。古罗马周边的人文地理环境是多种多样的，包括古希腊的多神教、古以色列的一神教、波斯的拜火教以及非洲北部流行的摩尼教等，思想的冲突、碰撞、交融显得更为突出，这也是海洋文明的一个重要特点。

---

① 范晔：《后汉书》（卷八十八，第四册），北京：中华书局，2012 年，第 2348 页。
② 孟刚、邹逸麟：《晋书地理志汇释》，合肥：安徽教育出版社，2018 年，第 45 页。

罗马帝国能够强盛主要归因于两点。

一是得益于其政治理念。古罗马的历史分为共和国阶段和帝国阶段。两个词看似差别很大，其实，如果仔细去看现代史学家对罗马帝国的概念性划分，便可知它更多指向的是当一个国家在征服周边地区后所管理的区域超出了原有的地理范围，对于古罗马来说这些区域就是在征服后设立的各个行省，在政治理念上就会出现"代为管理"的职能，具有"代为管理"政治职能的"共和国"就是帝国。帝国政治的实质是尽量将代为管理的行省在政治待遇上与共和国原有的地区一视同仁。古罗马所提出的"共和"理念为共和是人民共同的事业，权力属于人民；共和同时也要求人民拥有美德，最重要的美德是爱国奉献；共和通过复合型的权力结构来管理国家，包括元老院、执政官、保民官等政治架构。[①] 正是这种政治理念和架构，使得古罗马军队的军事动员能力很强，在对外扩张的过程中，古罗马人充分表现出勇猛、顽强、凶残、忠诚等性格特点，以及为了国家利益和荣誉不惜自我牺牲的精神。这种崇尚武力的民族性格和视死如归的荣誉意识，以及不达目的决不罢休的顽强意志，使得古罗马人在征战过程中无往而不胜。古罗马军队尚功逐利和遵守纪律的特点与秦汉的军队很相近。

二是得益于其强大的军事武装。使古罗马真正能够立于不败之地的是它的海军，海军的强大又是因为其强大的陆军。古罗马在早年与迦太基的布匿战争时，从对方那里学会了制造三桨帆船，但是古罗马海军驾驶船只的技术远远落后。同时，在海上，古罗马士兵传统的一手持矛一手持盾的打法无法得到发挥，怎么能够发挥这种优势呢？古罗马人发明了"乌鸦吊桥"这种新式船上装备（见图 2-1）。它是固定在船头的一种接舷吊桥，当敌船接近时，水手解开固定绳索让吊桥落下，并用下落的惯性把桥头的铁钉扎进敌船的甲板，这样士兵就可以顺着吊桥冲进敌船进行白刃战。从此，古罗马在海上建立了绝对军事优势。

---

① ［古罗马］西塞罗：《论法律》，钟书峰译，北京：法律出版社，2022 年。

图 2 – 1 "乌鸦吊桥"示意

（图片来源：维基共享资源，作者为 Chewie）

微信"扫一扫"
观看视频

第五节 第一个海洋都市群

虽然古希腊人和腓尼基人都是依靠海洋贸易发展起了城邦文明，例如雅典、迦太基、提尔等城市，但讲到海洋都市，还得将威尼斯及其周边的意大利半岛城市群列为第一位，其次是科隆、吕贝克、汉堡和不来梅等北海至波罗的海的沿海商业城市。

科隆、吕贝克、汉堡和不来梅等北海至波罗的海的沿海商业城市在公元 13—14 世纪建立了北欧德意志商业经济同盟，称为"汉萨同盟"（也有译为"汉莎同盟"）。汉萨同盟的重点是建立海军，打击海盗，保护商船商站。但是，到 14 世纪为止，汉萨同盟对于当时的世界来说，重要性还是局部的，非全局性的。

只有威尼斯及其周边的意大利半岛城市群，才具有全局性的重要作用。莎士比亚的戏剧《威尼斯商人》开头是这样的：威尼斯商人安东尼奥平常乐善好施，而另外一个富商犹太人夏洛克则十分刻薄，常常放高利贷。安东尼奥有一位好朋友叫巴萨尼奥，因他要向一位富家小姐鲍西娅求婚，所以向安东尼奥借3 000块金币。安东尼奥身上没有余钱，可他的性格使他不能驳了朋友的面子，因此，他向夏洛克去借3 000块金币，抵押品是他尚未回港的商船货物。夏洛克因为担心安东尼奥的船队有可能在海上遇到风险，便和安东尼奥签订了一个十分苛刻的协议——如果他无法还钱，就要用他身上的一磅肉来抵债。这个戏剧告诉我们几条重要信息：威尼斯人很有钱，借钱数量可达3 000块金币；威尼斯人有发达的借贷业务，也有高利贷；威尼斯人通过海洋贸易可以变得很有钱，也可能会亏本；威尼斯人签订商业协议后一定会履行，所以无须担心借钱不还。这是海洋都市的特点：在不违反法律的前提下，放贷者可以提出苛刻的条件，这就是商业。

威尼斯共和国，位于意大利半岛亚得里亚海的北岸，始建于公元687年。在随后的数百年里，由于教皇居住在意大利半岛的罗马，新建立的欧洲诸国在争斗中都对意大利半岛有所敬畏，这使得意大利城邦文明得到快速发展，并建立了自卫的军队。威尼斯共和国不断地增强自身的实力，到11世纪以后，随着东罗马帝国的衰落和十字军东征的兴起，威尼斯城作为最重要的补给站和贸易中心，发展为当时首屈一指的海洋大都市。当欧亚大陆东边的蒙古帝国兴起之后，威尼斯城更进一步发展为当时全欧洲物资流动的港口城市和金融中心（见图2-2）。

图2-2　中世纪的海洋贸易中心城市威尼斯

当然，威尼斯发达的商业环境也会带来意想不到的坏处，那就是老鼠的泛滥。老鼠是运输和囤积商品过程中必然带来的副产品。中世纪每艘商船上都有老鼠，每座城市也有，自从人类开始定居并储存粮食，老鼠就一直在我们周围徘徊。城市人口越多，环境越脏，老鼠也就越多。由于威尼斯囤积了大量食物，狭窄的街道又提供了许多可躲藏的地方，这也就意味着城里存在大批活跃的老鼠。

中世纪时，当一艘商船驶入港口，老鼠会随船员、货物一起下船，到陆地上来。船上的老鼠很有"探索欲望"，当船只驶入新港口时，它们通常会下船，在陆地上寻找新的家园。到14世纪中叶，威尼斯出现了黑死病，这种瘟疫是由老鼠传播的。在1348年，从卡法到威尼斯城的商船带来了一批黑色老鼠，这些老鼠身上带有跳蚤，而跳蚤已经感染了鼠疫杆菌。这种细菌源于东方，随着商人和军队传到了黑海的卡法。很多威尼斯人在卡法做生意，他们无意中将老鼠带回了故乡，随后威尼斯这个城市率先受到黑死病的袭击。

黑死病的传播速度很快，而且有一半的感染者在一个星期以内就会死亡，另外一些患者感染到肺部，他们一咳嗽，病菌就喷到空气中被其他人吸入，导致黑死病迅速传播。威尼斯有大量老鼠和居民，为黑死病提供感染源和宿主，又有大量船只继续来到港口，带来病菌。黑死病来袭不到一年，威尼斯就失去了一半的人口，多达5万人死亡。

中世纪的人根本不知道细菌的存在，因此对于发生在自己身上的事没有任何头绪。许多威尼斯人都认为黑死病是由1348年1月的一场地震引起的。还有一些人怀疑是犹太人在井里下毒，不过等到当地的犹太人被驱逐之后，黑死病也没有结束，这种怀疑很快消退了。黑死病具有传染性，于是一些人又想到了宗教。很多人推断这场瘟疫是造物主对人类的惩罚，是对当时人们醉心于经商的不满。

黑死病跟随商人从卡法来到威尼斯，又继续沿着欧洲的贸易路线前进，从威尼斯、热那亚传到了中欧、西欧和北欧，甚至远至冰岛。在这场瘟疫中，欧洲丧失了一半的人口，数百万人丧命。

意大利城邦除以威尼斯为代表外，还有米兰、佛罗伦萨、热那亚等重要的城市。随着意大利海洋商业贸易的兴起，威尼斯、米兰、佛罗伦萨、热那亚都成了工商业和金融中心，周边的大小城镇也都加入了巨大的商业贸易网。随着城市的繁荣，富裕阶层开始扶植自己喜欢的艺术、文学、雕塑等事业来装点门面，由此培育了一批诗人、文学家和艺术家，文艺复兴就是从这些城市开始的。文艺复兴起始于14世纪中叶的意大利，是一场人本主义思想文化运动，成为中世纪结束并逐步过渡到现代社会的开端。意大利文艺复兴前三杰之一的薄伽丘写过一本《十日谈》，可以看出文明从古代走向近代的先声。他创作该书的时候，正好是在黑死病传播期间。从书中的故事可以看出，在中世纪，教皇取得了最大的权力，神学渗透到政治、哲学、法学等学科之中。教士、修道士都按照严格的教规生活。但是，随着商业文化的快速发展，很多商人变得越来越富裕，生活变得越来越花哨，这使得商业中的一些思想影响到了教会这个阶层，一时间，基督教的安贫思想受到颠覆性的冲击，教士和修道士也开始追求经济利益。教皇的横征暴敛、巧取豪夺已经大大超过了他的权限，名目繁多而又花样翻新的税收、贡赋为教皇贴上了"敛财机"的标签。

威尼斯、佛罗伦萨等城市在与瘟疫的斗争中，通过消灭传染源、发明和佩戴防疫面具、设置隔离区、设置隔离码头等办法，逐步降低了黑死病对城市的威胁，保住了无数市民的生命。

随着黑死病的结束，14世纪也结束了，而文艺复兴却逐渐盛行，开始影响整个欧洲大陆。由此可见，黑死病在欧洲中世纪的历史阶段划分问题上具有特殊地位，可以将其视为中世纪中期与晚期的分水岭。

微信"扫一扫"观看视频

小　结

从文明初始至1400年，回到在本章开头提到的历史唯物主义观点，从这个视角来看，通过使用生产力与生产关系、经济基础与上层建筑等方法论分析，我们可以得出的结论是：所谓文明进程的本质就是资源的创造和争夺。资源的创造主要依靠农耕文明的生产，但有些国家因为能够创造出更有价值的产品，如丝绸、颜料、香料等，成了商品的重要输出国从而变得更为富裕，但总体而言，生产力水平相对于人口增长带来的需求来说，仍然是不能满足的，因此，人口的数量从公元2世纪到公元14世纪末都没有出现明显增长，有时受到瘟疫、寒冷气候、战争等意外事件的影响还会出现急剧下降。至于资源的争夺，则是从最初的武力征服，逐步过渡到武力与贸易两者并用。从提高战争的动员能力来看，除了最初的"终极关怀的觉醒"，宗教带来的狂热也已成为组织动员的重要力量。

在文明的进程中，海洋的作用已经逐渐突显出来。由于掌握了海洋上的话语权和武力优势，古希腊、古罗马先后成为古代的地中海世界霸主。在随后的岁月中，十字军东征、汉萨同盟、黑死病等重要的历史事件或概念均与海洋有关。海洋在人类文明演进的历史叙事中发挥着日益重要的作用，并在浓墨重彩的人类历史画卷上镌刻了独属于海洋的印记。在接下来的近代乃至现代史中，海洋将会起到更为重要和关键的作用，继续在人类文明演进历程中发光发热。

第三章　近代篇

第一节　概　述

本章讲解的是从古代到现代的过渡阶段。要理解今天的世界，必须关注这一时期，因为许多重大的事件都发生在这一阶段。关于如何划分近代，不同的学者也有不同的看法，例如，世界知名的全球史专家斯塔夫里阿诺斯（Stavrianos）撰写的《全球通史》（*A Global History*）将世界历史分为《1500 年以前的世界》和《1500 年以后的世界》两册，第二册又分为 1500—1763 年和 1763—1914 年两个阶段。而本书认为，还是将1400—1800 年作为近代比较好，因为从海洋的角度来看，1400—1500 年是西方实现地理大发现的时期。而以 1800 年作为近代的终点，是因为 1800年拿破仑时代开始，这一时期带给了整个欧洲民主政治思想，这使现代国家观逐步走向成熟。

本章对近代史进行如下划分：1400—1500 年，是地理大发现时代，尤其是葡萄牙的航海事业开启了一个崭新的海洋时代；1500—1600 年，是葡萄牙帝国和西班牙帝国航海事业的黄金时代，是欧洲疯狂建立殖民地的起始阶段，此时欧洲也出现宗教改革；1600—1700 年，是欧洲各国竞相抢占更多殖民地的阶段，是荷兰、法国航海事业的黄金时代，此时欧洲出现科学革命；1700—1800 年是英国和法国不断争斗的阶段，英国在 18 世纪中后期出现工业革命，逐步超越各国而成为最强帝国。此时欧洲出现资产阶级民主政治思想，美国独立后开始走向世界舞台。

让我们回到这个时代的起点思考：为什么欧洲会在这个时期站到世界舞台的中央。在公元2世纪，欧亚大陆出现了四大帝国（罗马帝国、贵霜帝国、安息帝国、中国两汉王朝），东西方均有发展水平较高的文明出现；到公元8世纪阿拉伯帝国崛起，欧亚版图再次出现新的四大帝国（法兰克王国、东罗马帝国、阿拉伯帝国、中国唐朝），东西方势力基本均衡；到13世纪则转变为蒙古帝国几乎一统欧亚大陆的格局，但随着14世纪末蒙古帝国的崩溃，欧亚版图又重新划分为西欧诸国、奥斯曼帝国、察合台汗国、中国明朝这样的新格局。从地理版图上可以看出，15世纪初的欧亚大陆上有着诸多强国。在15世纪地理大发现时代的前期，伊比利亚半岛的南部仍然控制在摩尔人的手中，葡萄牙虽然是独立的国家，但土地面积狭小，只有9万平方千米，而西班牙正在努力实现内部统一，直到1492年才将摩尔人的势力彻底驱逐出伊比利亚半岛。

有两个重大历史事件为欧洲的崛起提供了重要的发展空间。

重大事件之一：中国错失控制海洋的机遇期

在地理大发现时代，海洋对人类文明的推动作用逐渐突显出来，人类的眼界从此打开了。郑和下西洋（1405—1433年）是中国古代规模最大、配备船只和海员最多、持续时间最久的海上航行，也是15世纪末欧洲地理大发现时代前世界历史上规模最大的一系列海上探险。1935年在福建长乐发现的"天妃灵应之记"碑（俗称"郑和碑"），是明宣德六年（1431年），正使太监郑和、王景弘和副使太监李兴、朱良等人在第七次出使西洋前立的一块保平安的祈福碑，非常具有价值的是这篇碑文比较详细地记载了郑和前六次下西洋的历程以及第七次下西洋的任务。碑文如下：

皇明混一海宇，超三代而轶汉唐。际天极地，罔不臣妾。其西域之西，迤北之北，固远矣，而程途可计；若海外诸番，实为遐壤。皆捧琛执贽，重译来朝。皇上嘉其忠诚，命和等统率官校旗军数万人，乘巨舶百余艘，赍币往赍之，所以宣德化而柔远人也。

自永乐三年，奉使西洋，迨今七次。所历番国，由占城国、爪哇国、三佛齐国、暹罗国，直逾南天竺、锡兰山国、古里国、柯枝国，抵于西域忽鲁谟斯国、阿丹国、木骨都束国，大小凡三十余国，涉沧溟十万余里。

观夫海洋，洪涛接天，巨浪如山；视诸夷域，迥隔于烟霞缥缈之间。而我之云帆高张，昼夜星驰，涉彼狂澜，若履通衢者，诚荷朝廷威福之致，尤赖天妃之神护佑之德也。神之灵，固尝著于昔时，而盛显于当代。溟渤之间，或遇风涛，即有神灯烛于帆樯。灵光一临，则变险为夷，虽在颠连，亦保无虞。及临外邦，番王之不恭者，生擒之；蛮寇之侵掠者，剿灭之。由是海道清宁，番人仰赖者，皆神之赐也。

神之感应，未易殚举。昔尝奏请于朝，纪德太常，建宫于南京龙江之上，永传祀典；钦蒙御制记文，以彰灵贶，褒美至矣！然神之灵，无往不在。若长乐南山之行宫，余由舟师累驻于斯，伺风开洋，乃于永乐十年奏建，以为官军祈报之所，既严且整。右有南山塔寺，历岁久深，荒凉颓圮，每就修葺。数载之间，殿堂禅室，弘胜旧规。今年春，仍往诸番。舣舟兹港，复修佛宇、神宫，益加华美。而又发心施财，鼎建三清宝殿一所于宫之左；雕妆圣像，粲然一新；钟鼓供仪，靡不具备。佥谓如是，庶足以尽恭事天地神明之心；众愿如斯，咸乐趋事，殿庑宏丽，不日成之。画栋连云，如翚如翼；且有青松翠竹，掩映左右。神安人悦，诚胜境也！斯土斯民，岂不咸臻福利哉？

人能竭忠以事君，则事无不立；尽诚以事神，则祷无不应。和等上荷圣君宠命之隆，下致远夷敬信之厚，统舟师之众，掌钱帛之多，夙夜拳拳，惟恐弗逮，敢不竭忠于国事，尽诚于神明乎？师旅之安宁，往回之康济者，乌可不知所自乎？是用著神之德于石，并记诸番往回之岁月，以贻永久焉！

永乐三年，统领舟师，至古里等国。时海寇陈祖义聚众三佛齐国，劫掠番商，亦来犯我舟师，即有神兵阴助，一鼓而殄灭之，至五年回。

永乐五年，统领舟师，往爪哇、古里、柯枝、暹罗等国。王各以珍宝、珍禽、异兽贡献，至七年回。

永乐七年，统领舟师，往前各国。道经锡兰山国，其王亚烈苦奈儿负固不恭，谋害舟师，赖神显应知觉，遂生擒其王，至九年归献，寻蒙恩宥，俾归本国。

永乐十一年，统领舟师，往忽鲁谟斯等国。其苏门答剌（腊）国，有伪王苏干剌寇侵本国，其王安奴里阿比丁遣使赴阙陈诉。就率官兵剿捕，赖神默助，生擒伪王，至十三年归献。是年，满剌加国王亲率妻子朝贡。

永乐十五年，统舟师往西域。其忽鲁谟斯国进狮子、金钱豹、大西马；阿丹国进麒麟，番名祖剌法，并长角马哈兽；木骨都束国进花福禄并狮子；卜剌哇国进千里骆驼并驼鸡；爪哇、古里国进麋里羔兽。若乃藏山隐海之灵物，沉沙栖陆之伟宝，莫不争先呈献。或遣王男，或遣王叔、王弟，赍捧金叶表文朝贡。

永乐十九年，统领舟师，遣忽鲁谟斯等国使臣久侍京师者，悉还本国，其各国王益修职贡，视前有加。

宣德六年，仍统舟师，往诸番国，开读赏赐。驻泊兹港，等候朔风开洋。思昔数次，皆仗神明助佑之功，如是勒记于石。

宣德六年，岁次辛亥，仲冬吉日。

正使太监郑和、王景弘，副使太监李兴、朱良、周满、洪保、杨真、张达、吴忠，都指挥朱真、王衡等立。

正一住持杨一初稽首请立石。①

---

① 碑文见1935年在福建长乐发现的"天妃灵应之记"碑，现存于福建省福州市长乐区南山郑和史迹陈列馆内。

虽然郑和下西洋时在海外设立了一些贸易站，但当时的中国还没有意识到海洋的核心价值，也还没有将其上升为国家战略，与成为世界海洋大国失之交臂。其原因主要有两个：第一，不可否认，在当时的地理知识条件下，明朝人是认识不到四夷的政治、经济价值的，在地理大发现时代之前，明朝的统治阶层尚没有全球格局下的海洋观。海外诸国在他们看来只是一些陆地上的边边角角而已，不值得花太大的精力去关注。第二，明宣宗时期军事防御压力过重和外交的收缩，导致对外探索和投入的减少。明宣宗和他的父亲基本继承了永乐皇帝朱棣的功业，史称"仁宣之治"，社会经济繁荣、政治清明、国力强盛。但宣德皇帝思想过于儒化，认为山河之固在德不在险，实施与民生息的仁政就可以保天下太平。其实，"君王之德"首要的本义是在政治、军事上的积极进取，并使全国上下形成共享共担的利益和责任，就是富国强兵、上下同欲谓之德。但中国的儒家思想经过宋代理学之后，已经对"德"的理解出现了重大偏差。宋代之后的君王之德已仅有狭义的"爱民之德"。这种狭义性直接导致了国家气势的衰退，可以说是文化上的一种内伤。很遗憾的是，宣德皇帝在军事防御和外交方面采取了一系列的收缩政策，不得不说，明朝的衰退与这位好皇帝的"仁心德政"有很大的关系。

微信"扫一扫"观看视频

重大事件之二：勒班陀海战的历史拐点

勒班陀海战发生于1571年，地点是地中海的塞浦路斯岛附近的勒班陀海峡，它是16世纪规模最大的海战。当奥斯曼帝国强大的海军向欧洲发起进攻时，由西班牙殖民帝国、罗马教廷和威尼斯组成的联合舰队迎战，战争在勒班陀海角爆发。最终联军大获全胜，极大地增加了天主教国家的士气。这场战役与732年查理·马特击败阿拉伯人的图尔战役并称为"保卫天主教"的两大战役。

奥斯曼帝国原来仅仅是塞尔柱帝国的一个附庸国，但在塞尔柱帝国后期分裂和蒙古人西征后留下的纷乱局面中，奥斯曼一世（1299—1323/1324年在位）趁乱宣布独立，然后通过蚕食衰弱的东罗马帝国来扩大地盘。奥斯曼一世去世时，据说给他的儿子奥尔汗留下了"要公正、仁慈、珍视学者、保护人民"的遗嘱。其后的历代君主都励精图治，几乎每代君主都能够开疆拓土。特别是第七代君主穆罕默德二世于 1453 年采用奇兵战术和威力巨大的火炮，一举攻陷了东罗马帝国首都君士坦丁堡，东罗马的最后一位皇帝君士坦丁十一世以身殉国，长达千年的东罗马帝国就此灭亡。

奥斯曼帝国的苏莱曼一世政绩显赫，家庭却发生了悲剧。他爱上了乌克兰奴隶许蕾姆从而废黜了原来的皇后，并且在 1553 年处死了最有能力的长子穆斯塔法，从而导致了宫廷斗争，最后苏莱曼一世唯一幸存的儿子塞利姆二世继位成功。塞利姆二世在 1566 年登基后，沉迷酒色，因此被称为"酒鬼塞利姆"。为了可以源源不断地得到他喜爱的葡萄酒，塞利姆二世于 1570 年出兵塞浦路斯。塞浦路斯本来属于威尼斯共和国的领地，被侵占后威尼斯人向教皇求助。在教皇的协调下，由雄心勃勃的西班牙国王费利佩二世为总指挥，组织了神圣联盟，主力是西班牙与威尼斯的联合舰队。1571 年 10 月 7 日，两个帝国的海军主力在希腊西部的勒班陀海峡相遇，双方都全力以赴，奥斯曼帝国有 230 艘战舰、3 万士兵和 5 万桨手；欧洲联合舰队方面有 200 艘战舰、3 万士兵和 4 万桨手。双方均按照纵向排列的左、中、右三支舰队在前，预备队横向排列在后的阵势展开。双方看似实力相差无几，但经过一天的激战，奥斯曼帝国的舰队全军覆没，主将战死。虽然，奥斯曼帝国后来保住了塞浦路斯，但它从此失去了在地中海的海上霸权，不久，塞利姆二世也去世了。欧洲联合舰队也付出了惨重代价（损失桨帆战船 16 艘，8 000 人战死，21 000 人受伤），西班牙从此再也无法进行这样大规模的海上作战了。

欧洲的联合舰队一方取得勒班陀战役胜利的主要原因，在于战舰的优势。相对于陆地战争来说，海上战争双方的兵力都是在视野内的，战斗的队形也是基本相近的，战斗的胜败主要取决于战舰性能本身。

在地中海，主要的战舰是桨帆船，它相对于风帆船来说，具有强大的动力。最初这种桨帆船是腓尼基人发明的，有两列桨座，在萨拉米斯海战前，希腊人将其改进为三列桨座，所以速度更快，赢得了胜利；后来的罗马帝国更将其增宽至五列桨座，成了地中海的巨无霸。到13世纪以后，威尼斯人发明了多层桨帆战船（一般为三层），船长40～50米，船宽10～12米，船高5米，俨然是一座海上堡垒。在船尾部有一个高大的船楼，船楼上配备有弓箭手；中央甲板上有固定战位的士兵；在战船首部有一个三角形尖艏，起到冲角作用，用于冲撞敌战船。这种多层桨帆战船称为加莱战舰（Galley）。到16世纪，威尼斯人进一步发明了更具威力的加莱塞战舰（Galleass），参见图3-1。新型战舰虽然在动力机制上仍然属于使用帆桨混合驱动力的桨帆船，但由于加莱塞战舰比加莱战舰更大、更重，其排水量通常为600吨以上，这使得加莱塞战舰能搭载超过传统加莱船数倍的火炮和武装人员，火力和兵力是它最大的优势。加莱塞战舰的火炮数量可以达到30～40门，远远超过加莱战舰；火炮通常被集中在船首炮塔和船尾两端，其中会装备5门左右的重炮，实心炮弹的重量在20千克以上。威尼斯最重的加莱塞战舰可以发射100千克以上的炮弹，威力巨大。而奥斯曼帝国舰队却没有这样的重装新型战舰。所以，双方一交手，欧洲联合舰队冲在前列的加莱塞战舰重炮齐发，很快就将几艘奥斯曼帝国的战舰击沉，占据了进攻优势，以至于在双方短兵相接之前，奥斯曼帝国的战舰已经有1/3被击沉或受重创。

图3-1　加莱塞战舰

勒班陀战役之后，奥斯曼帝国由于海上实力不如欧洲，于是将重点转向对欧洲发起地面进攻。1683 年，奥斯曼帝国出动 15 万大军围困维也纳，但神圣罗马帝国的联军再一次战胜了奥斯曼帝国，欧洲采用的火枪、长矛及线性战术相配合的打法对奥斯曼帝国的军队造成了致命打击，这表明奥斯曼帝国长期的陆军优势被欧洲的军事技术超过，从此，欧亚大陆上东方占有优势的格局被逆转。

勒班陀海战之后，各国都认识到海上战争的关键在于不断的技术进步，谁技术领先，谁就成为胜利者。从古罗马时代开始到勒班陀海战，所有的海洋战争最后都是通过接舷战来决定胜负的。那么，是否还有其他的战法？战船该如何改进？这方面的历史将由英国人来书写。

信奉伊斯兰教的奥斯曼帝国和基督教国家之间除了军事冲突，还有宗教信仰冲突，特别是在奥斯曼帝国占领的南欧巴尔干半岛一带，因长期的宗教冲突和政治冲突交织在一起，形成了历史上有名的"巴尔干火药桶"。从地缘政治视角来看，除中国因受喜马拉雅山脉的地理阻隔而没有同中亚地区产生紧密的接触外，从中亚到西欧基本上就是基督教与伊斯兰教对抗的格局。这种长期的对抗被政治学家亨廷顿（Huntington）称为"文明的冲突"。

尽管存在这种对抗格局，但世界文明的中心很明显地开始向欧洲倾斜。到 18 世纪末，英国已经成为"日不落帝国"，印度是它的殖民地，它正期待着打开中国的大门。1793 年（清乾隆五十八年），英国向中国派出了第一个外交使团，由团长马戛尔尼伯爵带队向乾隆皇帝提出了以下请求：①将贸易扩展到舟山、宁波和天津。②照俄罗斯人之先例，允许英国商人在北京设一所货栈，以销售货物。③于舟山附近指定一未经设防的小岛供英国商人居住、存放货物及停泊船舶。④于广州附近指定一小块地方供英国商人居住，并允许他们自由来往于广州和澳门。⑤取消澳门与广州之间的转运税，或至少将税率降低至 1782 年关税的水平。⑥准许英国商人按中国所定税率切实纳税，不在税率之外另行征收，并请赐中国税单一份供英国商人参照。① 同时，英王向乾隆皇帝赠送了大量礼品，共计 19 宗、590 余件，包括蒸汽机、棉纺机、梳理机、织布机、卡宾枪、步枪、连发手枪以及天文仪，甚至还有一个带有炫耀武力意味的英国最大军舰"君主"号（装有 110 门炮）的模型。同时，还有国书一封以表英方诚意。

乾隆皇帝认为英使远涉重洋前来祝寿，还"具表纳贡"，实属好事，就请人接待参观。但在具体的谈判方面，清政府将英国的 6 项要求全部斥为"非分干求"，一概拒绝。马戛尔尼使团将这次的所见所闻写成了《英使谒见乾隆纪实》和《马戛尔尼航行中国记》，从此，18 世纪盛行于欧洲的关于中国强盛富庶的看法开始改变。马戛尔尼认为清朝实质上极其虚弱，"好比是一艘破烂不堪的头等战舰"，要击败它并不困难。

从以上论述可以看出，欧洲的技术实力后来居上，对外扩张的野心也日渐膨胀，接下来将重点介绍欧洲各国在这 400 年间的变化特点，主要表现在三个方面：王权与宗教的重大冲突与变革、地理大发现带来的海外殖民地扩张，以及文化和科技革命带来的文明进步（见表 3-1）。

第一是王权与宗教的重大冲突与变革。随着 1453 年英法百年战争的结束和 1485 年英国玫瑰战争的结束，英法两国都将主要精力放在国内发展上，并随时准备进一步较量。15 世纪初至 16 世纪的宗教改革，导致基督教分裂为天主教和新教，代表天主教的西班牙帝国企图压制新教运动，但还是无法阻挡荷兰的独立战争与英国的新教运动。宗教冲突最终导致了德意志 30 年战争，此战之后，欧洲各国签署了《威斯特伐利亚和约》，宗教狂热逐步转化为世俗社会的宗教宽容。此后，教皇直接插手国家政治的情况越来越少，欧洲各国的独立主权得到了加强，今后的战争更多的是以本国利益为主要出发点。随着数次重要战争的失利，西班牙逐渐没落，将海洋霸主的地位拱手相让。17 世纪，英国通过资产阶级革命确立资本主义制度，进入了快速发展的轨道。

---

① ［美］徐中约：《中国近代史：1600—2000 中国的奋斗》，计秋枫、朱庆葆译，北京：世界图书出版公司，2008 年。

第二是地理大发现带来的海外殖民地扩张。15—17世纪中期是欧洲封建社会向资本主义过渡的时期，这个时期的葡萄牙、西班牙、荷兰、英国、法国凭借先进的航海技术和海洋利用观念，先后成为典型的海洋强国。海洋带来了三个重要的结果：一是三角贸易的兴起导致非洲黑人奴隶被大量运往美洲；二是不同国家之间的殖民地边界越来越接近，这导致势力范围的冲突，使得欧洲各国不仅在欧洲本土爆发战争，战争也时常在其殖民地展开；三是生活在殖民地的欧洲殖民者的后代逐步有了独立意识。

第三是文化和科技的革命带来的文明进步。一方面，宗教宽容思想、民主政体思想、现代法治思想形成了全新的现代意识；另一方面，国际贸易的市场在不断扩大与相互竞争中对具有更高生产效率和市场竞争力更强的商品的需求越来越大，由此引发了对技术创新的巨大需求。科技革命和工业革命不仅带来了巨大的技术进步，也加强了西方国家的军事优势，同时，生产力的快速发展、机器、劳动带来的商品经济创新又使国家财富出现了爆发性增长，"企业家精神"带来了平民化的富人社会，由此带动了经济和社会发展的良性循环。

表 3-1　与海洋有关的人类文明发展大事记（1400—1800 年）

重大事件	时间/地点	备注
郑和下西洋	1405—1433 年 中国东海、南海和东南亚海域、印度洋北部沿岸的 30 余个国家与岛屿	中国古代规模最大、配备船只和海员最多、时间最久的海上航行，也是 15 世纪末欧洲地理大发现时代以前世界历史上规模最大的一系列海上探险
葡萄牙王子恩里克创办航海学校并开始海上探险	1415—1460 年 邻近葡萄牙的大西洋沿西非海域	发明可以在大洋逆风航行的多桅三角帆船 发现马德拉群岛、亚速尔群岛，穿过博哈多尔角，到达西非，开始奴隶贸易 葡萄牙成为欧洲航海中心，培育了迪亚士等一批优秀航海家
英法百年战争	1337—1453 年 法国及英国的欧洲领地	英格兰丧失了所有在法国的领地，但也促使英格兰民族主义兴起

续表

重大事件	时间/地点	备注
君士坦丁堡陷落	1453 年	君士坦丁堡被奥斯曼帝国攻陷，东罗马帝国灭亡，标志欧洲中世纪结束，欧洲的陆地香料之路被阻断
葡萄牙人到达印度与商业革命	1497—1499 年 从里斯本起航到达印度，又返航里斯本	葡萄牙人继续开拓航海事业，达·伽马是历史上第一位从欧洲航海到印度的人，并在随后的贸易中大获其利，成为葡萄牙首富，开启商业革命。葡萄牙自此开始开拓海外殖民地
哥伦布到达美洲	1492 年 从西班牙出发，到达美洲	哥伦布发现了美洲大陆，掀起了西班牙建立美洲殖民地的热潮，使西班牙成为殖民帝国
麦哲伦环球航行	1519—1522 年 从西班牙出发环行地球，回到西班牙	人类历史上第一次环球航行。麦哲伦本人死于菲律宾，但其船队回到西班牙后获利颇丰
宗教改革	16 世纪初开始 从德国开始，扩展到整个欧洲	标志性事件是 1517 年马丁·路德提出《九十五条论纲》，世俗社会成为现代国家基本形态
勒班陀海战	1571 年 地中海	西班牙殖民帝国、罗马教廷和威尼斯组成的联合舰队击败奥斯曼帝国 这场战争是 16 世纪规模最大的海战
西班牙"无敌舰队"战败	1588 年 英吉利海峡	英国女王打败西班牙国王费利佩二世，德雷克成为英雄
科学革命	16—17 世纪 欧洲，主要是英国	以哥白尼、伽利略、开普勒、牛顿为代表建立现代物理学，开启科学革命。1660 年成立英国皇家学会。1687 年牛顿出版《自然科学的哲学原理》
荷兰开拓海外殖民地	1602—1642 年	荷兰多次打败葡萄牙和西班牙，成为 17 世纪航海和贸易强国，被称为"海上马车夫"。全盛期的荷兰占海外贸易的 50%，有 1 万多艘海上商船
英国开拓北美殖民地	1607—1732 年 北美东部	英国在北美东部建立了 13 个殖民地

续表

重大事件	时间/地点	备注
法国开拓海外殖民地	1605—1699 年	法国得到北美东北部和南部殖民地
30 年战争	1618—1648 年 整个欧洲	历史上第一次全欧洲大战。欧洲各国签订《威斯特伐利亚和约》，德意志分裂，欧洲民族国家开始形成
三角贸易	17—18 世纪 欧洲	欧洲各国大量贩卖黑人奴隶，尤其是英国、法国、西班牙，形成欧洲—非洲—美洲的三角贸易，成为海外殖民地经济发展的第一个高潮
启蒙运动	17—18 世纪 欧洲，主要在法国	启蒙运动标志着自然科学各门类学科的普遍产生，科学成为思考问题的理论依据，西方现代民主制度的萌芽出现
英国光荣革命	1688 年	英国成为首个资本主义国家。1689 年《权利法案》确立了君主立宪制
笛福出版 《鲁滨逊漂流记》	1719 年 英国	笛福塑造了一个面对自然困难毫不畏惧的主人公，被誉为英国与欧洲小说之父
第一次工业革命	18 世纪 60 年代 英国	以蒸汽机作为动力机被广泛使用为标志，开创了以机器代替手工劳动的时代
亚当·斯密出版 《国富论》	1776 年 英国	《国富论》奠定了资本主义自由经济的理论基础，标志着古典政治经济学理论体系的建立，被誉为西方经济学界的"圣经"
北美独立战争	1775—1783 年 北美英属殖民地	美利坚合众国成立
法国大革命开始	1789—1799 年 法国	法国成为资本主义国家。1792 年通过废除君主制议案，宣布成立法兰西共和国，1799 年 11 月 9 日拿破仑发动"雾月政变"，进而建立了帝国

微信"扫一扫"观看视频

第二节 航海家恩里克带来的地理大发现

1998 年被联合国定为国际海洋年，葡萄牙作为世界海洋发现的先驱承办了世界博览会，这次会议的主题被定为"海洋，未来的财富"，主办地在葡萄牙首都里斯本，主办方为博览会专门建了一座海洋水族馆。在里斯本附近的罗卡角有一块石碑，石碑上刻着一句话"陆止于此，海始于斯"，象征着这里曾经是地理大发现的起点（见图 3－2）。在首都里斯本的特茹河边，有一块航海纪念碑，碑前的地上刻有一幅世界地图，上面刻着发现新大陆的日期。航海纪念碑造型优美，宏伟壮观，远看好像航行在万顷碧波中的巨型帆船。碑上的浮雕，再现了当年葡萄牙航海家周游世界、搏击风浪的英雄壮举，为首的人物造型就是恩里克王子（也有译为"亨利王子"），他被国际社会一致公认为大航海时代的开启者，这块纪念碑正是为了纪念恩里克王子去世 500 周年而建立的。葡萄牙人至今仍然很喜欢给男孩子起名为恩里克，以表达对这位航海王子的由衷喜爱。里斯本完全

图 3－2 葡萄牙里斯本的石碑

是海港城市的形象，特别是在特茹河边，有海洋博物馆和热罗尼莫斯修道院，这座修道院是 16 世纪建成的曼努埃尔式建筑，气魄宏伟，雕琢华丽。修道院里有两具石棺，里面躺着葡萄牙最著名的航海家达·伽马和葡萄牙国民诗人卡蒙斯（1524—1580 年）的遗体。

恩里克王子是葡萄牙国王若昂一世与英格兰贵族女子的第三个儿子。在他 20 多岁的时候，曾带领士兵到达了直布罗陀海峡对岸的休达。当地商人传说有一条陆上的商路可以到达"绿色国家"，相当于今天的几内亚、冈比亚、塞内加尔一带。而恩里克王子希望从海路到达"绿色国家"，目的是获得非洲的胡椒、黄金和象牙。

为了实现这个目标，恩里克于 1418 年组织了第一支航海探险队，向南寻找几内亚。但船被风吹向了西方，探险队偶然发现了马德拉群岛，恩里克王子随后宣布该群岛属葡萄牙所有。1419 年，葡萄牙开始往马德拉群岛上移民，种植小麦和甘蔗。此后，马德拉群岛成了葡萄牙航海探险队在航行中的物资补给中心。

到了 1420 年，罗马教廷任命恩里克担任基督骑士团的大统领，让他管理骑士团的财产。恩里克决定将骑士团的收入用于航海冒险事业，由此创办了一所航海学院，培养本国水手，提高他们的航海技艺。恩里克选择葡萄牙最西南端的萨格里什的圣文森特角，作为航海学校的创办地。这是一个位于悬崖上的小渔村，但这里也建成了人类历史上第一所国立航海学校。

航海学校开办后，首先设立了航海观察站，建立了图书馆，广泛收集地理、气象、信风、海流、造船、航海等文献资料，加以分析整理，并且专门搜集地图和游记，其中就有《马可·波罗游记》。恩里克还网罗各国的地学家、地图绘制家、数学家和天文学家来共同研究并制订发展计划，在学校开设航海学、天文学、几何学、地理学等学科，招收葡萄牙的贵族子弟入学，为葡萄牙培养了很多航海的后备人才。

通过航海学校的教育和科研活动，他们制作了新的航海仪器，如改进从中国传入的指南针、象限仪（一种测量高度的仪器，尤其是海拔高度）、横标仪（一种简易星盘，用来测量纬度），同时，将研究的重点放在了船只设计上。由于地中海和大西洋的航行条件不同，在地中海中航行的船是不适合在大西洋中航行的。当时大多数船都是桨帆船，主要动力是依靠奴隶划动大桨来驱动船只，操控性很差；船舶桅杆多采用单片方形帆或三角帆，前者太依赖风向，后者则动力不足。因此，恩里克将最大精力放在了造船上，为此提出了很多激励措施。比如，建造100吨以上船只的人都可以从皇家森林免费得到木材，任何其他必要的材料都可以免税进口。经过十多年的努力，到1440年，葡萄牙人终于造出了适宜在大西洋上航行的船舶——卡拉维尔帆船（Caravel，见图3-3）。卡拉维尔帆船装备两根船桅，分别安装阿拉伯三角帆和欧洲方形帆，船身全长20～30米，重约50吨，船长和船宽比例为3.5∶1。这使得船只平衡力极高，速度及机动性得以并存。这些特点使它可以在紧靠海岸的地方航行，不必为了躲避暗礁和沙洲而远离海岸，这一点在以探索陌生海岸为目的的航行中显然具有很大的优势。后期，随着开辟更远的航海路线的需要，他们又进一步改进了卡拉维尔帆船的设计，增高了船头和船尾的构造，并用三桅代替两桅，横帆和三角帆可以混合使用，提高了远洋航行所需的速度和航行稳定性。

航海学校引领了教育和科技的进步，这使得葡萄牙和西班牙在整个伊比利亚半岛取得了航海技术的领先，也刺激了整个欧洲不断地改进船舶设计以提高航海能力和海军作战能力。工业革命前的造船技术主要进展是：①发明卡瑞克帆船（Carrack）。西班牙和葡萄牙改进了汉萨同盟使用的寇格船（Cog），造出了一种新型的卡瑞克帆船，它在寇格船的基础上增加了一根桅杆，主桅挂方形的大横帆，后桅挂三角帆，是一种适合远航的大型帆船。由于卡瑞克帆船体积更大，可以装载更多物资，可以有多层甲板，甲板上可以架设火炮，所以这样的帆船往往充当航海船队的旗舰。卡瑞克帆船成为海军主力战舰后，大多数建成了多层甲板的超级帆船，吨位可达2000吨，有3～4根桅杆。②发明盖伦型军民两用帆船（Galleon）。西班牙以卡瑞克帆船的框架为基础，又整合了卡拉维尔帆船的优点，并采用新工艺造出了盖伦型军民两用船。盖伦船的全长为 46～55 米，排水量达 300～1 000 吨，船身采用包铜技术，被称为"西班牙宝船"。它在远洋线路上完全取代了旧型船只，也作为海军船只彻底淘汰了桨帆船，从此欧洲的航海技术和海军装备水平完全超越了以往，领先世界。

图 3 - 3　卡拉维尔帆船

航海学校开办之后，培养了一大批航海人才，包括埃阿尼什、巴尔达亚、戈麦斯等早期的海上探险者。葡萄牙最优秀的航海家迪亚士和达·伽马也都曾经在这里学习，人才辈出使得葡萄牙的航海事业蒸蒸日上。

恩里克王子所引领的葡萄牙航海事业成就

1427 年，向西南探险的舰队发现了亚速尔群岛。亚速尔群岛位于葡萄牙以西 1 450 千米的大西洋上，由 9 个主要岛屿组成，气候温润，水土丰美。岛屿附近的洋流是从西向东流淌的，有利于从非洲返程的船只回到欧洲大陆，可以作为远洋航行的补给站点。

1431 年，葡萄牙人发现了圣米格尔岛和圣玛丽亚岛。

1432 年，恩里克王子派出数百人，其中包括一名牧师，乘 16 艘船带着几十头牲畜殖民亚速尔群岛。

1433 年，葡萄牙人到达加那利群岛。但是加那利群岛当地有原住居民，葡萄牙士兵被当地人打败。后来，葡萄牙放弃了对加那利群岛的所有权，把它让给了西班牙人。

1434 年，恩里克王子派埃阿尼什出海，到达非洲西岸危险的博哈多尔角。博哈多尔角暗礁密布，海水呈现红色，且气候恶劣，在埃阿尼什成功到达之前，欧洲普遍传言那里是一片黑暗的绿海，是世界的边缘，是无法逾越的"魔鬼之海"。成功开辟抵达博哈多尔角的航线，标志着欧洲人攻克了地理大发现道路上的一个重大难关，也宣告了葡萄牙对非洲大陆探险开拓的全面开始，使葡萄牙在南大西洋的殖民开拓中取得了先机。

1435 年，欧洲人首次从大西洋航行穿过北回归线。

1441 年，随着新型船只卡拉维尔帆船的使用，在处理完因进攻丹吉尔惨败所引发的政治斗争后，恩里克王子回到萨格里什，重新开始了非洲沿岸探险。这一年探险队创造了向南航行的新纪录，抵达布朗角（西班牙语称为 Cape Blanco，今毛里塔尼亚的努瓦迪布角）。同年，派出的另一支探险队带回来 10 个俘虏。这标志着欧洲人开始卷入奴隶贸易。

1442 年，探险队抵达了奥罗河口。

1443 年，葡萄牙人第一次到达布朗角。当了解到当地黑人部落有将俘虏当成奴隶的习惯，他们就在萨格里什开设了欧洲本土的第一个奴隶市场，这一模式将影响后来欧洲人对非洲奴隶贸易的经营和态度。

1443 年，恩里克王子派人在布朗角附近的阿尔金岛（今属毛里塔尼亚）建立永久性的堡垒，并以此为中心修建港口、市政厅、修道院，作为葡萄牙探险的贸易中转站。人们在这里以黄铜、铁器、小麦、马匹交换从非洲内陆运来的黄金、象牙和奴隶。后来的葡萄牙海上帝国就是由这些散布在各地的贸易站和贸易站之间的海域组成的。从此，葡萄牙的经济飞速发展。

1444 年，葡萄牙开始组织以掠夺奴隶为目的的航行，一次带回来235名奴隶，这是欧洲罪恶的 400 年奴隶贸易的开端。从 1455 年起，每年都有 800 个黑人被卖到葡萄牙本土为奴。

1449 年以后，恩里克王子的兴趣点转向在非洲的土地上发现大河，希望能够找到传说中的基督国王约翰和黄金，但是航海人员并没有找到约翰和黄金。

1460 年恩里克王子病逝。1836 年在萨格里什出土了一块石碑，上面写着"伟大的恩里克王子在此建立了一座宫殿、著名的宇宙学学校、一座天文台和海军兵工厂"。

恩里克王子极大地推进了欧洲在制图、航海、造船三大海洋技术方面的进步，但他同时还是第一个殖民主义者、第一个黑奴交易商。

恩里克王子开启的海洋探索在他病逝后并没有结束，反而迎来新的顶峰。1488 年春，迪亚士到达了非洲最南端的好望角。1497 年，达·伽马成为历史上第一位从欧洲航海到印度的人，由此开辟了欧洲到达东方的海洋新航路。其后，卡布拉尔到达了巴西，阿尔布克尔克征服了果阿和马六甲。

与此同时，西班牙也取得了巨大的航海成就。在 1492 年西班牙将摩尔人彻底赶出伊比利亚半岛之后，马上接受了哥伦布的建议开展航海探险（有意思的是，哥伦布首先游说葡萄牙国王支持他的航海计划，但由于葡萄牙的航海家们有更加精确的地图，所以国王没有支持哥伦布从西行路线到东方的设想），由此发现了美洲大陆。1522 年，麦哲伦的船队通过 3 年的海上航行最后回到西班牙，是人类历史上第一次环球航行。麦哲伦本人死于菲律宾，但其船队回到西班牙后获利颇丰。麦哲伦是葡萄牙人，但却是在西班牙国王的资助下完成的环球航行，所以葡萄牙人对麦哲伦一直怀着复杂的感情，与对达·伽马的情感不同，而达·伽马是最伟大的"葡萄牙英雄"，他为葡萄牙创造了最大的海外殖民地，找到了最大的香料原料供应基地。

大航海时代改变了人类的认知环境，也带来了海上争端的问题。到 19 世纪末形成了国际法律的基本框架，1948 年在日内瓦召开的国际会议决定成立国际海事组织，1958 年 3 月 17 日该组织正式成立，1978 年将这一天（3 月 17 日）定为国际航海日，目前成员国扩增到 175 个。

微信"扫一扫"观看视频

第三节　海洋地理观带来的商业革命

航海改变了世界，这是一点都不需要怀疑的。航海带来的地理大发现改变了人类对世界的认识，可以说，航海给人类带来了整个世界，也把世界真正地连在一起。

海上冒险找到了新的陆地，找到了新的商品，源源不断的各种商品——香料、黄金、宝石等，带来的商机属于这些海上的冒险家。达·伽马到达印度，随后控制了马六甲海峡，并在贸易中大获其利，成了葡萄牙首富。

葡萄牙国民诗人路易斯·卡蒙斯以达·伽马到达印度的海上航行作为素材，写下长篇史诗《卢济塔尼亚人之歌》（*The Lusiads*，卢济塔尼亚人是葡萄牙人的自称，因此该作品另译为《葡国魂》）。这部史诗是近代以来的第一部史诗，总计有 8 816 行，是葡萄牙历史上最伟大的史诗，卡蒙斯因此成为葡萄牙文化的象征，葡萄牙语也被称为"卡蒙斯的语言"。卡蒙斯去世于 6 月 10 日，葡萄牙的国庆日也定在 6 月 10 日，可见葡萄牙人对他的喜爱程度。

卡蒙斯年轻时虽然受过大学教育，但在葡萄牙却穷困潦倒，于是他参加了海外冒险，成为海军士兵，足迹遍布欧、亚、非各大洲，还在战斗中失去了一只眼睛。1556 年他到达澳门，升为军官，住上了花园别墅，在那里生活了两年。这期间，他还与一位中国姑娘相爱。1570 年他回到里斯本，1572 年发表了《卢济塔尼亚人之歌》。史诗主要讲的是达·伽马和其他葡萄牙航海家们绕过好望角，开辟了通向印度的新航路的故事。"陆止于此，海始于斯"这一名句就来自这部作品。

从内容上看，《卢济塔尼亚人之歌》有着《荷马史诗》的风范——有大量的古希腊神话人物和与敌人（摩尔人与异教徒）对抗的情节，但他所歌颂的内容又和《荷马史诗》有所区别。第一个区别是《卢济塔尼亚人之歌》所包含的国家主义思想。卡蒙斯写道："他不为卑鄙的赏赐所驱使，仅出于对祖国永恒的热爱，若因歌颂祖辈的土地成名，对他已经不是微薄的奖赏。"[①] 其次是卡蒙斯所歌颂的是他本国的英雄前辈恩里克王子和达·伽马。他写道："智慧的古希腊人和特洛伊人/其宏伟远航，已泯灭于忘川。也无人再谈论亚历山大、图拉真之流的不世壮举。我要激扬卢济塔尼亚精神/涅普顿、玛尔斯也退居一侧，缪斯女神不再吟诵往昔/有更为绚丽的诗，她要传扬。"[②] 第三个区别是卡蒙斯对航海的赞美："船队已行驶在辽阔的海面，快乐的浪花，拍打着两舷，温柔的海风，吹拂着人面/海面上全都是胀满的白帆。蓝色的大海泛起层层浪花/船头如利剑，斩开海面，大海就是普罗透斯的牧场/海中的鱼儿就是他的畜群。"[③] 第四个区别是该诗是第一首描写了整个世界的诗："在这渺小的卢济塔尼亚家族，却从不乏英勇的基督的信徒。阿非利加有他们的航海据点，在亚细亚他们成为最高君主，在美利坚，他们把新土地耕耘——世界更加广阔他们也能到达。"[④] 第五个区别是卡蒙斯在诗文中表达了对商业的颂扬。整首史诗都在讲达·伽马是如何足智多谋，识破了各种阴谋和诱惑，成功地把买到的香料、胡椒装运回自己的国家。这首史诗因其对商业的颂扬，因此也被称为

---

① ［葡］路易斯·卡蒙斯：《卢济塔尼亚人之歌》，张维民译，成都：四川文艺出版社，2020年，第 7 页。

② 同上，第 4 页。

③ 同上，第 12 页。

④ 同上，第 357 页。

"关于商业诞生的史诗"。

什么是商业革命？正如卡蒙斯这样的人本来一无所有，到了海外，有可能成为一方海外殖民地的官员，有可能通过做生意而发财。他说："海外的地方就像是葡萄牙人的继母。"

有意思的是，这首史诗里还有关于中国的想象。卡蒙斯写道："看，那座难以置信的长城，就修筑在帝国与帝国之间，那骄傲而富有的主权力量，这便是确凿而卓越的证明。它的国王并非天生的亲王，更不是父位子袭时代传递。他们推举一位位仁义君子，以勇敢智慧德高望重著名。"[①] 可见，当时的葡萄牙人对中国是非常推崇的。

事实上，15—17 世纪初，如果不考虑战争，那么整个欧亚文明进程最突显的特点就是商业革命。随着新航路的开辟，欧洲商业和世界市场发生了一系列新变化——不仅流通中的商品种类与数量越来越多，而且地理大发现后，世界商路和商业中心从地中海区域转移到大西洋沿岸。以前独占欧洲与东方贸易的意大利城市，其商业地位日趋衰落。威尼斯、热那亚等地的商业中心地位先是被葡萄牙的里斯本和西班牙的塞维利亚所取代，其后，尼德兰（即荷兰）的安特卫普、英国的伦敦更是后来居上，成为新的海上贸易中心。商业中心的转移本身就是欧洲国家争霸的直接原因和直接结果，可以说是当时文明进程中重要的一环。

微信"扫一扫"观看视频

第四节　殖民主义与三角贸易

商业革命主要表现为：世界市场的拓展、商品种类的增多、商业经营方式的变化、商业贸易中心的转移、商业强国的崛起和价格革命。那么，

---

① ［葡］路易斯·卡蒙斯：《卢济塔尼亚人之歌》，张维民译，成都：四川文艺出版社，2020年，第 563 页。

商业中心是如何改变的？商品市场和商业模式又有哪些变化？

近代以来的商业革命中最大的变化就是大量殖民地的建立。中世纪及以前的商业贸易是欧亚大陆之间交接棒式的货物交易，而海外殖民地开拓后，欧洲人将腓尼基人的地中海海洋贸易模式扩大至新大陆——在海上贸易的沿线建立定居点和中转站来进行直接的货物采购、中转与交易。贸易范围的扩大与地理大发现进程同步，对于未知的地理版图，欧洲人采取了一种傲慢无理的态度——只要能够满足两个条件（一是能够向欧洲人证明这是以前从未认知的新土地，二是有足够强的实力把这块土地占有下来），那么他们就会认为"新土地"是属于他们的，哪怕这些地方有人居住，也会被他们直接当作没有经过"确权"的土地来对待。这是一种无知又无德的傲慢，但这种想法却被欧洲人所公认，这就是殖民主义，殖民主义从法理上必然导致种族主义。

殖民主义最初起源于教皇对葡萄牙恩里克王子航海事业的支持，葡萄牙人航海进入非洲大沙漠以南，这对当时的欧洲人来说，属于未知的地理信息。由于恩里克王子是教会十分信任的特殊人物（基督教骑士团大头领），教皇向葡萄牙许诺：凡尚未被占领的土地，全部归葡萄牙所有，任何人不得侵犯！由此，葡萄牙率先宣布对新发现的土地享有占有权。从15世纪中叶开始，葡萄牙先后强占了非洲西海岸的众多领地，包括西撒哈拉、冈比亚、达荷美，于1462年侵占佛得角群岛和塞拉利昂，1471年占有几内亚和加纳，将加纳改名为"黄金海岸"，并在此建立了保护商贸用的要塞，1472年占有尼日利亚，1475年占有科特迪瓦并将其改名为"象牙海岸"，1482年占安哥拉。葡萄牙在半个世纪以内从伊比利亚半岛的一个蕞尔小国变成了一个大国。在1492年哥伦布发现新大陆后，西班牙提出了分享新发现土地占有权的问题，由于此时的西班牙正得到教皇的青睐，因此教皇又将哥伦布已经寻获及正在探寻之新地全托付给了西班牙管理。如此一来，葡萄牙和西班牙就土地占有权问题到教皇那里对簿公堂，教皇在1493年裁定：双方以佛得角群岛以西370海里（西经约50度）的子午线为界，线西归属西班牙，线东归属葡萄牙。由于这个裁决是由教皇颁布，所以这条分界线也称为"教皇子午线"。两个国家虽经争吵和微小修改，但都接受此裁定，并争相表示要尽力传教以报效教皇的恩典。由此建立了"殖民地＋传教"的伊比利亚半岛扩张模式。

真正的殖民地模式开启是从葡萄牙开始的。当达·伽马到达印度后发现这里是真正的香料产地，就开始实施掠夺计划。1510 年，葡萄牙在印度的果阿建立了第一处殖民地，修筑要塞，配备军队，保护葡萄牙商人的安全，同时在非洲沿海占据了一些岛屿和滨海据点，作为前往印度的中途补给站。1506—1510 年，葡萄牙占据了马达加斯加、毛里求斯、索科特拉岛，同年到达印度洋上的锡兰，随后在锡兰建立了科伦坡城；1507 年，葡萄牙控制了霍尔木兹海峡；1511 年，取得了马六甲王朝的首都马六甲城；1521 年，葡萄牙人又控制了巴林。由此，葡萄牙建立东起马六甲海峡，顺着整个印度洋沿岸向西，直至非洲大陆周边沿海的很多区域的第一个海洋帝国。

西班牙自从踏上新大陆后，就发现当地的文明远远落后，因此大力推动军事冒险来进行疯狂的殖民地侵占，由上百人组成的一支武装部队就可以征服一大片土地的时代就此开启。1519 年，西班牙人建立了哈瓦那城并控制了加勒比海最大的岛屿古巴岛；登陆墨西哥并建立韦拉克鲁斯城；在巴拿马地峡南岸建立巴拿马城，并开始侵入南美太平洋沿岸地区。此后，西班牙殖民者科尔特斯（Hernan Cortes）带兵深入内陆并于 1521 年征服了美洲最大的本土国家——阿兹特克帝国，也开启了其帝国时代。

1522 年，随着麦哲伦船队完成环球航行，并宣部菲律宾为西班牙国土，"教皇子午线"没有确定东半球边界的弊端显现出来，由此葡萄牙和西班牙的争端又一次爆发。教皇再次裁决，两国于 1529 年签订《萨拉戈萨条约》，把地球另一侧的太平洋上的分界线划在了印度尼西亚的东印度群岛附近，西班牙获得了独占美洲的权利，但葡萄牙对巴西的占领获得承认（1500 年，葡萄牙航海家卡布拉尔因航海途中遇到风暴影响而偏离了航线，偶然发现了巴西）。

直至 1580 年，整个殖民时代几乎都是葡萄牙和西班牙的天下。葡萄牙从印度洋逐步扩张到太平洋沿海，葡萄牙人于 1553 年开始定居于澳门，1565 年到达日本沿海的城市，但由于中国和日本的国力比较强盛，葡萄牙的进一步扩张被遏止了。

正当葡萄牙和西班牙瓜分全球殖民地的美梦做得正香的时候，欧洲大陆迎来了一场巨大的政治运动——由马丁·路德和加尔文发起的宗教改革。宗教改革的核心地区是荷兰（当时是西班牙的属地）、德国和英国。1568 年开始，荷兰开始了争取独立的武装反抗，到 1587 年荷兰宣布独立建国，与此同时，荷兰与英国（此时是伊丽莎白女王统领的新教在英国掌权）结成了共同对抗西班牙的联盟。1588 年，前去镇压荷兰独立运动的西班牙"无敌舰队"由于受到英国海军的攻击及飓风袭击而惨败。在这次海战中，虽然西班牙的"无敌舰队"配备了大量盖伦型军民两用船，并根据其构造改良了接舷战术，但英国任命海盗出身的德雷克为指挥官，德雷克通过"不讲理"的海盗式游击战来对抗西班牙海军，其快速穿插的战术和威力巨大的远程火炮给西班牙舰队以重创，再加上飓风的袭击，西班牙舰队出发前有 130 艘，返航时仅剩下 43 艘，西班牙帝国在 1571 年勒班陀海战中建立的不可战胜的威名被打破。到 1609 年，荷兰与西班牙达成停战协定，取得了国家独立。

由于经济利益的斗争和宗教改革后带来的基督教之间（天主教与新教）的斗争，英国和荷兰形成联盟来争抢葡萄牙和西班牙的海外利益。1580 年葡萄牙被西班牙武力兼并（葡萄牙直到 1640 年才重新复国）后，要经营遍布各大洲殖民地的西班牙显然力所不能及，特别是原来属于葡萄牙的殖民地——荷兰凭借在与西班牙战斗中不断强大起来的海军，占据了原属葡萄牙的很多海外黄金地段。但坦率地说，荷兰觊觎葡萄牙的海外殖民地最直接的原因还是经济上的，那就是香料贸易。葡萄牙当初富裕起来，主要是靠占据了东南亚香料主产地，葡萄牙本土并不出产用来交易的香料，也不生产那些工艺品，香料贸易的终点也不在里斯本，而在荷兰的安特卫普。随着香料贸易规模的扩大，对经营成本和抵抗风险能力的要求也越来越高，葡萄牙狭小的国土、失落的主权以及较少的人口都表明：葡萄牙疆域缩回本土是不可避免的。荷兰将葡萄牙原先在印度洋航线的重要据点抢到了自己手里，并在整个亚洲建立了贸易驿站，还包括南非的好望角等地。1640 年，荷兰人从葡萄牙手中夺走了至关重要的马六甲海峡，并掌握了霍尔木兹海峡的控制权。荷兰也曾探险美洲，建立了新阿姆斯特丹殖民地（今美国曼哈顿岛的南部）；另外，荷兰还抢占了台湾岛。但葡萄牙还是保住了非洲的安哥拉和莫桑比克、亚洲的澳门和东帝汶，以及南美洲的巴西等势力范围。

荷兰和英国的崛起相对于葡萄牙和西班牙来说有两个新特点。第一，荷兰和英国充分认识到海洋贸易的获利性和风险性并存，对于如何共同承担风险与分享利益有了制度创新——1600 年英国商人建立了英国东印度公司，随后开始了在印度的扩张，1602 年荷兰商人成立荷兰东印度公司。这种权力资本和商业资本的混合，充分发挥了国家军队提供保护、商人专注经济的优势，这种优势逐渐成为现代资本主义的源头。荷兰东印度公司逐渐垄断了与中国、印度、日本、锡兰等地的贸易，迅速发展为世界最大的航海和商业国家。可以认为，早期的资本主义是以垄断资本主义为主的，但随着商业资本的继续发展，越来越多的平民成为公司的高级管理者和利益分享者，这些人逐步产生了更多的政治要求，为今后的欧洲政治制度改革提供了人才准备和思想准备。第二，西班牙和葡萄牙在获得经济利益之后，由于皇权因素和宗教因素，绝大部分金钱都花费在了教堂建设、皇宫建设等方面，没有将这些经济活动中获得的收益用于发展教育、培养人才和改进技术。天主教国家和新教国家有一个很大的差别，就是在于教育，天主教国家的信徒一般都是听神父布道，不用直接进行阅读，而新教徒则需要每天阅读，因此二者在将经济利益进行再生产、再教

微信"扫一扫"
观看视频

育的投入方面有明显差别。

随着荷兰海军力量的迅速崛起，荷兰建立起全球贸易市场，并伴随着文化输出。这段时间被称为"荷兰黄金时代"，尤其是从 16 世纪中叶到 17 世纪下半叶，荷兰成为航海和贸易强国，被称为"海上马车夫"。全盛期的荷兰占欧洲海外贸易的 50%，有 10 000 余艘海上商船。随着荷兰的强大，荷兰东印度公司不断派船前往远东寻找香料和奇珍异宝。航运和海外贸易的蓬勃发展，让荷兰阿姆斯特丹跃升为欧洲的金融商业中心和"世界仓库"。荷兰虽然贸易强盛，但因缺少自然资源和工业基础作为海外扩张的后盾，且只重视发展航运业而忽视了海军的建设，在随后的对英战争和对法战争中先后失败，荷兰的海外殖民地范围开始萎缩，只剩下荷兰东印度公司的荷属东印度（今印度尼西亚）等地，台湾岛也被中国伟大的民族英雄郑成功在 1662 年收复。可以说，荷兰的海外扩张时代和军事强国时代是比较短暂的，差不多和葡萄牙一样，仅持续了 60~80 年，毕竟其国土面积和人口规模也相对较小。但令人惊讶的是，荷兰作为一个国家，虽然政治地位下降了，但它始终属于经济发达的强国之列。

英国和法国的强大则要更加持久。英国从 1607 年开始开拓北美殖民地，1704 年，英国占领西班牙的直布罗陀港，英西大战基本告终，英国取代西班牙成为新的海上霸主。法国自 17 世纪起也开始开拓海外殖民地，1605—1699 年，法国得到北美东北部和南部殖民地。由此，英国和法国逐步成为当时主宰世界的两大强国，又由于两国百年战争积聚下的世仇，使得英法对抗成为一种新的"主旋律"。但总体来看，经过英西战争、英荷战争和"七年战争"，到 1763 年，英国与法国和西班牙签订了《巴黎条约》，英国取代西班牙，成为世界头号殖民强国。到 18 世纪末，英国又率先实现了工业革命，其海外贸易、海军力量和殖民地领土方面的优势都越来越突出。从整个欧洲来看，资产阶级革命正在进入向上突破的阶段。所有这些发展都是欧洲获得海外领地的进一步优势，形成了压倒性优势，对世界来说是一种令人生畏的力量。

在对殖民地的管理上，各国的情况基本相近——将殖民地与本土区别对待，由欧洲国家作为宗主国向殖民地派出代表国王的总督或副王来进行管理。殖民主义在文化上带来的最重要的结果，就是殖民国家的语言使用者在总人口中占比的变化。随着英国的强大，英语成为世界通用的语言，其次是法语和西班牙语，荷兰语和葡萄牙语也成为一些沿海国家或岛屿国家的官方语言，而今天拉丁美洲地区之间的语言差别则很大程度上由"教皇子午线"决定，并由此形成了拉丁美洲的西语区和葡语区。而德语的使用者则相对要少得多，这是因为在欧洲列强瓜分世界的早期阶段，德国一直是一个由很多小国构成的十分松散的联邦，主要忙于处理内部争斗，三十年战争之后签订了《威斯特伐利亚和约》，这才形成了相对稳定的发展条件，最后在1870年由普鲁士王国将各个小国统一，德国才开始进行它的海外扩张。

伴随商业贸易中心的转移，新的商业强国开始崛起，大西洋沿岸的西班牙、荷兰、英国和法国相继成为四大商业强国。虽然它们之间存在着激烈的利益争夺，但总体来说，自新航路开辟后，世界上原本相互隔绝的地区被联结起来，欧洲国际贸易日益拓展，出现了全球性的经济关系，世界市场逐渐形成。在当时的世界市场中，三角贸易非常盛行。

三角贸易是生产过程和贸易过程的国际化资源整合。简单地说，就是生产的原料在美洲，生产的技术在欧洲，生产的劳动力在非洲。三角贸易的地点主要是在大西洋沿岸，包括欧洲、非洲和美洲。对于西欧、北欧的国家来说，亚洲无疑是千里之遥，而美洲、非洲则近得多，这就为"三角贸易"提供了有利因素。可以说，三角贸易是世界历史上第一次系统性的跨洋国际贸易，产生了真正意义上的跨国公司、金融公司的雏形。

美洲的生产原料主要包括经济作物和矿产。随着大量欧洲人进入美洲，他们把旧大陆的牛、马、羊和农作物（麦子、葡萄、甘蔗、洋葱等）带到了新大陆；而美洲的农作物也传播到了欧亚大陆，如高产的玉米、甘薯、马铃薯等，还有花生、豆类、西红柿等。这些农作物极大地丰富了欧洲、美洲地区的食物资源，到21世纪初仍然是人们的基本食物。美洲生产的大量的烟草、砂糖、咖啡及棉花销往欧洲等地；美洲人们生活的必需品如粮食、布匹等却需从欧洲进口。世界市场雏形的发展使新的商品出现在各国市场上，带动了广泛的区域间的物种交流，商品种类增多。此外，殖民者在美洲（墨西哥高原、安第斯山区等地）发现了丰富的金银等贵重金属矿产资源。1550 年前后，墨西哥提供了世界用银总量的 1/3，秘鲁银产量占世界银产量的 1/2。这成为资产阶级资本原始积累的重要来源之一。

生产技术、农产品的加工技术和矿产冶炼技术全部掌握在欧洲人手里。欧洲人利用他们的航海技术和武器优势，控制了大西洋的航线和贸易港口，从而在三角贸易中占据了主导地位。欧洲人还运用他们的制造业技术，将美洲的原料加工成各种商品，如烟草、砂糖、咖啡、棉花等，再销往世界各地，获得巨大的利润。欧洲人也将他们的矿产冶炼技术应用于美洲的金银开采，将大量的贵金属运回欧洲，促进了欧洲的货币流通和资本积累。欧洲人在三角贸易中的技术优势，使他们能够在国际市场上与其他国家竞争，同时也加速了欧洲的工业化进程。

至于从事生产的劳动力，由于美洲殖民者对印第安人实行种族灭绝政策，所以美洲非常缺乏劳动力。当然，印第安人遭受种族灭绝，除人为因素外，也有不可抗拒的自然因素——美洲的印第安人长期处于相对封闭的生活环境中，对欧亚大陆的疾病没有抵抗力，欧洲人带来的天花病毒在美洲传播，给印第安人带来了灭绝性的影响。美洲缺少劳动力，而随着种植园的发展和矿产的发现，殖民者对劳动力的需求又在不断增大。于是，葡萄牙、西班牙、英国、法国等国不断地进行殖民扩张。由于需要大量的廉价劳动力，在利润的驱使下，殖民者将贪婪的目光投向未开发的非洲大陆，开始了罪恶的奴隶贸易。根据资料记载，1562 年英国的约翰·霍金斯爵士从塞拉利昂装运奴隶，在海地换取兽皮和糖，在返航之后成为朴次茅斯最富有的人。[1] 由于贸易利润高得惊人，所以伊丽莎白女王和枢密院官

---

① 石淑琴：《女王的宠臣：商人海盗大臣约翰·霍金斯》，载《文史天地》，2015 年第 2 期，第 4 页。

员也对他的第二次航行进行投资。霍金斯爵士遵循前次的步骤满载一船白银而回，成为英国最富裕的人。正是由于政府对奴隶贸易的默许，奴隶贸易越发猖獗，欧洲殖民国家无不参与。三角贸易由此展开了。

具体来说，三角贸易的航线大致如下：从欧洲本土起航先到达非洲购买黑奴，再到达美洲出售黑奴，牟取暴利得到白银，然后购买烟草、甘蔗、棉花等经济作物，最后回到欧洲本土。贸易如此循环往复，发展成为资本主义的扩大再生产。

三角贸易的三个阶段

起程：从欧洲出发，乘船到非洲，掳获黑奴。运奴船从欧洲顺着洋流（加那利寒流和几内亚暖流）到达非洲，奴隶贩子用价值很低的商品与黑人部落的首长交换年轻力壮的黑人，黑人就像商品一般被奴隶贩子收购。

中程：满载黑人的运奴船沿着中央航路横渡大西洋，到达西印度群岛和美洲殖民地。到达目的地后，黑人被卖送到矿山或种植园做奴隶。正如起程一样，运奴船是顺着北赤道洋流航行到西印度群岛。北美洲东南部属于典型的亚热带季风和季风性湿润气候，冬季受到来自大陆的冷干气流的影响，降水不多；夏季受到来自海洋的暖湿气流的影响，降水较多，适合稻米、茶叶的种植。

归程：满载金银和原料的船只返回欧洲。归程时船只依旧顺流航行，洋流为墨西哥暖流、北大西洋暖流。墨西哥暖流属于补偿流，沿佛罗里达半岛由南向北补偿由于北大西洋暖流造成的海区海水减少，北大西洋暖流是在西风吹拂下形成的。运回来的金银和原料对资本主义的发展起了极大的推动作用，这也是奴隶贸易得以顺利进行的重要原因。

三角贸易通过生产三要素的整合形成了可循环的扩大再生产，有力地促进了资本主义的发展。英国是三角贸易中的主力，所以英国得以最快地

发展经济——三角贸易给英国带来了巨额财富，并推动了英国工商业的发展，进而使资本主义在英国得到充分发展，这是资本原始积累的过程。同时，黑奴贸易为美洲殖民地的开发提供了大批廉价劳动力，也促进了近代美洲资本主义文化的形成。

　　三角贸易最终的结果就是：欧洲得到了金钱和工厂化大工业的发展，美洲得到了初级农产品、矿业的引入、人口的补充，非洲只得到了生活必需品，而这样的生活必需品缺少循环产出的潜力，从而导致非洲越来越穷。美洲的白银首先流入西班牙，再从西班牙流向英国，最后流向欧洲其他地区。为什么西班牙的白银会最终流向英国呢？因为西班牙的很多生活必需品和矿产加工的机器需要从英国购买。英国依靠强大的工业形成了可持续的经济发展模式，从而变得越来越富。英国桂冠诗人约翰·麦斯菲尔（John Masefield，1878—1967年）写有一首关于货船（*Cargoes*）的诗①，可以形象地表明近代以来的经济利益的源头性改变，现翻译如下：

<blockquote>

从遥远的俄斐驶来的尼尼微大船，

划向巴勒斯坦阳光灿烂的故国港口，

船上满载货物，

有象牙、猩猩、孔雀，

有檀香木、雪松木和甘甜的白葡萄酒。

从巴拿马地峡驶来的西班牙大帆船，

在热带长满棕榈的绿海岸间航行，

船上满载货物，

有肉桂和葡萄牙金币，

有钻石、黄玉、祖母绿和紫水晶。

肮脏的英国渡轮，烟囱结满了盐，

</blockquote>

---

① John Masefield, *Sea Fever*：*Selected Poems of John Masefield*，Carcanet：Carcanet Press Ltd.，2005.

颠簸在狂暴三月的英吉利海峡沿岸，

船上满载货物，

有煤碳、铁轨、铅块，

有木柴、五金和廉价的马口铁餐盘。①

三角贸易给欧洲带来的一个重要的社会影响是金银贬值。大量的贵金属源源不断地流入欧洲，由于白银供给数量的增加，西欧货币充足，从而使金银价格下降，物价上升，投机活动活跃。这些新增的财富主要掌握在新兴资产阶级的手上，给传统的贵族和地主的经济地位带来了极大的冲击，特别是依赖固定地租收入的地主经济地位下降，从而加速了封建制度的衰落。反过来，资本家（通常是原来在欧洲封建社会处于平民阶层中相对靠上的阶层）则通过控制商业和航运业大发横财，并且在国际贸易的不断发展中又创立了股份公司、证券交易所等新型商业经营方式，极大地促进了资产阶级利益共同体的形成和资本主义的发展，为欧洲整个社会制度的变革奠定了阶级基础和物质基础。

微信"扫一扫"

观看视频

第五节 科学革命与工业革命为什么诞生在英国

英国学者李约瑟（Joseph Needham，1900—1995 年）编著了 15 卷的《中国科学技术史》，书中提出："尽管中国古代对人类科技发展做出了很多重要贡献，但为什么科学和工业革命没有在近代的中国发生?"② 1976 年，美国经济学家肯尼思·博尔丁（Kenneth Boulding）将这个问题称为"李约瑟难题"。关于"李约瑟难题"，本书不做直接回答，但可以先分析一下近

① ［英］约翰·梅斯菲尔德：《货物》，邹仲之译，https://blog. sina. cn/dpool/blog/s/blog_59f90d830101ndtb. html? type = −1。

② 李约瑟：《中国科学技术史》（第一卷），北京：科学出版社，1990 年。

代中国的经济状况：明朝至清朝中前期（鸦片贸易前）一直存在外贸顺差，中国依靠出口丝绸、茶叶、陶瓷赚取外汇，地理大发现后传播到中国的新型农作物又养活了更多的中国人（16世纪后期，西班牙人在菲律宾建立殖民地，一些美洲农作物开始传入菲律宾，再由菲律宾传到南洋各地，并进一步传到中国。传入中国的美洲作物有玉米、番薯、豆薯、马铃薯、木薯、南瓜、花生、向日葵、辣椒、番茄、菜豆、利马豆、西洋苹果、菠萝、番荔枝、番石榴、油梨、腰果、可可、西洋参、番木瓜、陆地棉、烟草等近30种，美洲作物的引种与传播成为明清时期农作物引进的一个显著特点）。虽然经济状况如此，但明朝中后期由于需要平定西南少数民族的起义和抵抗东北关外的入侵，消耗了大量的财政资源，清朝初期人口快速增长遇到了马尔萨斯人口陷阱①（该理论认为食品等资源的增长供应总是跟不上人口增长，而人口增长总是被灾难等方式所遏止，人口无法超出相应的农业发展水平）。造成这种局面，最主要的原因是明朝中后期过于注重程朱理学的思想，实物之学缺少国家的政策支持和财政投入。

　　前文提到，葡萄牙和荷兰虽然也曾争霸世界，但由于国家资源过于单薄而无法形成可持续的军事竞争能力，但西班牙和法国则完全可以和英国抗衡，为什么也被英国超过？英国依靠什么实现了"转型升级"？

　　首先，英国之所以能实现"转型升级"，在于先进政治思想的诞生。 即使到了近代社会，一国之强盛也往往需要实质性解决两个关键的问题，一是宗教信仰的宽容，二是王权的平稳传承。如果这两个问题能够得到解决，并通过法律的形式将解决方式固定下来，那么国家就会形成相对持久的稳定。英国的政治宽容和思想解放成为国策。当然，英国在历史上也曾经因为王权继位和宗教争斗发生了很多次战争，如：1337—1453年间的英法百年战争、1455—1485年的玫瑰战争、1642—1651年的清教徒革命（克伦威尔执政时期爆发的内战）。不过，即使有诸多冲突和战争，1646年

---

① 李约瑟：《中国科学技术史》（第一卷），北京：科学出版社，1990年。

《威斯敏斯特信条》在英国完成，之后共和政体成立，这些带来了前所未有的信仰、言论及出版各方面的自由。1653 年，国家议会宣告，不许以任何形式强迫人民信奉国教，从此形成了宗教宽容的国家传统。

英国自 1688 年之后，形成至今 300 多年的和平稳定，这是一项了不起的政治成就。这种成就首先归因于先进的政治思想。1689 年，英国颁布《权利法案》，要求只有在议会会期内通过法案予以明确规定的情况下，国王才被允许进行赦免，除此之外，其他赦免一律无效，从而很好地限制了国王权力，把权力收归议会。1690 年英国议会颁布《财政法案》，1694 年颁布《三年法案》，1701 年颁布《王位继承法》，逐步实现了资产阶级对王权的控制。同时又规定，议会是国家最高权力机关，国王无权干涉立法和司法等行政权力，意味着司法权与行政权分立，英国实现了司法独立。这一系列的法律制度建设使英国的政治生活中确立了君主立宪制的原则，由此英国率先进入了资本主义社会。

在君主立宪制等政治思想的影响下，英国驶入发展快车道。安妮女王统治时期的 1707 年，英格兰议会与苏格兰议会合并称大不列颠王国；1801 年合并爱尔兰，英国的正式名称成为大不列颠及爱尔兰联合王国。

值得一提的是英国的专利制度，英国的专利制度比其他国家的专利制度建立得更早、运行的时间更长。1623 年，英国颁布《专利法令》，法令明确规定只有全新的发明才可以获得一定时间的专利保护。安妮女王统治期间，英国法院的律师进一步规定了发明者要提交一份书面的发明描述或发明说明书才可以获得专利。英国专利制度的这些发展是在美国独立前取得的，所以也是美国、新西兰和澳大利亚专利法的基础。法国是直到 1791 年才在《拿破仑法典》中规定了有关工业产权的内容，比英国晚将近 170 年。

其次，英国之所以能实现"转型升级"，也在于先进哲学思想的诞生。英国哲学家弗朗西斯·培根（1561—1626 年）于 1620 年出版的《新工具》（*The New Organon*）意义尤为深远。弗朗西斯·培根出生于一个英国贵族家庭，是一位少年天才，12 岁就进入剑桥大学，后来长期从政，但他本人十分重视科学进步，被马克思称为"整个现代实验科学的真正始祖"。培根哲学的创新之处主要在于三个方面。一是他指出了传统认识论的四种错误方法，他称之为"四假象说"（the Four Idols of the Mind），包括种族假象（Idols of the Tribe，人认识事物直接依靠自己的观察和感觉的方法是不可靠的）、洞穴假象（Idols of the Cave，人认识事物依靠自己的热情和习惯的方法是不可靠的）、市场假象（Idols of the Marketplace，人在相互交流时因为缺少对词语的定义而经常造成误解）、剧场假象（Idols of the Theater，旧的知识体系就像一个舞台一样遮蔽了真实的世界）。二是培根提出了一个可以促进知识真实化的方法，就是我们现在所说的归纳法。为什么要用归纳法？这是因为亚里士多德的三段论从逻辑上是正确的，但问题在于三段论的大前提往往都是主观臆断的，因此，必须通过积累大量的实际观测资料来进行重新确定，也就是经验主义。三是培根提出了工具论的研究方法，目的是让对自然的观察能够不依赖于人类主观的感觉，必须尽量使用器械来进行测量。这种重视实际测量工作的思想无意中极大地提升了实验人员的社会地位，在这之前，所有的真理都掌握于那些"思想家"，正所谓"劳心者治人，劳力者治于人"。但培根告诉我们，那些原本从事实际测量的社会地位低微的人很可能掌握着真理的源头。事实上，实干型人才在英国的地位是很高的，许多后来的著名人物都起于平民之家。

培根的哲学思想引起了一场知识的革命和教育的革命，这种思想上的革命是划时代的，可以说，科学的时代就此拉开了序幕。首先，培根批判了古希腊的知识体系存在的重大缺陷，培根《新工具》直接对准的目标是亚里士多德的经典著作《工具》，培根把古希腊知识体系的缺陷分为三类（虚饰的学问、争辩的学问、幻想的学问），真实的知识不需要过多的形容词，也不需要基于主观的想象，而是应该具有朴实的语言、明确的定义和客观的事实。其次，培根大力提倡使用多种多样的观测仪器来克服传统上依靠人的直接感知和观察的缺陷，最终提出了"理性第一原理"（reasoning from first principles）——人可以依靠自己的理性通过对大量客观观察数据的总结，来形成对客观世界认识的普遍真理。

以下摘录一段《新工具》的内容：

> 历来处理科学的人，不是实验家，就是教条者。实验家象蚂蚁，只会采集和使用；推论家象蜘蛛，只凭自己的材料来织成丝纲。而蜜蜂却是采取中道的，它在庭园里和田野里从花朵中采集材料，而用自己的能力加以变化和消化。哲学的真正任务就正是这样，它既非完全或主要依靠心的能力，也非只把从自然历史和机械实验收来的材料原封不动、囫囵吞枣地累置在记忆当中，而是把它们变化过和消化过而放置在理解力之中。
>
> 这样看来，要把这两种机能，即实验的和理性的这两种机能，更紧密地和更精纯地结合起来（这是迄今还未做到的），我们就可以有很多的希望。①

这种思想的魅力历久弥新。在 21 世纪的今天，马斯克说："我确实认为有一个好的思维框架，那就是物理学，就是根据第一原理的理性思维，也就是将各种事情都追溯到事情根本上的真实，然后再通过理性推演上来，（这样一种从上往下再从下往上的方法）是与依靠类比的理性所完全不同的。"②

如果用中国文化来理解，可以理解为科学思维就是实事求是。"求"对应归纳，而类比的方法就对应传统的格物致知的思维方法。但对于中国来说，要完全建立科学思想有一个难题——语言问题，我们的语言从古至今是完全连续的，这就会出现很多的词语存在古今异义的问题。而当年的

---

① ［英］培根：《新工具》，许宝骙译，上海：商务印书馆，2011 年，第 82 – 83 页。
② 《2022 年 TED 压轴访谈：马斯克畅聊收购推特，特斯拉私有化，及阿斯伯格综合征》（中英字幕）［EB/OL］，https://www.bilibili.com/video/BV1TL4y1L7Qh/？spm_ id_ from = 333. 337. search – card. all. click&vd_ source =67d30923aad685544418d5b26dd1f22d。

英国却不会有这样的难题，因为他们抛弃了中世纪传统学术研究所用的拉丁语（事实上，培根时代还是使用拉丁语的，他的《新工具》是用拉丁文写成的，不再使用拉丁语是在 1660 年英国皇家学会成立后才开始的），也抛弃了中世纪的古英语，而创立了现代英语。所以，英语之所以能成为现代世界通用的语言，既有英国在近代以来国力强盛、影响力大的原因，也有现代科学创立后各种新知识、新概念的形成是基于英语的原因。

微信"扫一扫"观看视频

　　随着培根开启了科学之路，英国产生了很多经验主义的大师，包括约翰·洛克（John Locke，1632—1704 年）、乔治·贝克莱（George Berkeley，1685—1753 年）、大卫·休谟（David Hume，1711—1776 年），也诞生了许多伟大的科学家，最为重要的就是艾萨克·牛顿（Isaac Newton，1643—1727 年）。

　　第三，经济发展的刺激也促使了英国实现"转型升级"。由于殖民主义和三角贸易，欧洲的商品市场覆盖了欧洲、美洲、非洲的很多区域，人口在这个历史阶段也增长很快。在广阔的美洲大陆种植业得到发展之后，农产品原料资源的产量也快速上升，产量的增多使资本家需要更高的加工制造效率、更多的原料、更高的劳动强度、更大的市场，所以他们对用机器代替手工劳动的需求十分迫切，任何一项可以提高效率的生产工艺、一种可以降低人工劳动强度的工具都会被迅速采用。面对这种巨大的需求，每个人的聪明才智都被激活。

英国如雨后春笋般的发明专利

　　1712 年，英国人托马斯·纽科门获得了常压蒸汽机的专利权；

　　1733 年，机械师凯伊发明了"飞梭"，大大提高了织布的速度，纺纱顿时产量剧增；

　　1765 年，织工哈格里夫斯发明了"珍妮纺织机"，生产效率大大提高，揭开了工业革命的序幕；

> 1769 年，阿克莱特发明水力纺纱机；
>
> 1778 年，约翰·哈林顿发明抽水马桶；
>
> 1779 年，克朗普顿发明走锭细纱机（骡机）；
>
> 1785 年，卡特莱特发明动力织布机；
>
> 1797 年，亨利·莫兹利发明螺丝切削机床；
>
> 1798 年，塞纳菲尔德发明平版印刷术。

最重要的发明是瓦特发明的蒸汽机。1763 年，格拉斯哥大学的技师詹姆斯·瓦特开始改进纽科门发明的蒸汽机并获得发明专利。他同制造商马修·博尔顿结成事业上的伙伴关系，博尔顿为相当昂贵的实验和初始的模型筹措资金。他们的事业是非常成功的：1785 年，瓦特制作的改良型蒸汽机正式投入工业使用，提供了更加便利的动力，得到迅速推广，大大推动了机器的普及和发展；到 1800 年瓦特的基本专利权期满终止时，已有 500 台左右的博尔顿—瓦特蒸汽机被投入使用。其中 38% 的蒸汽机用于抽水，剩下的用于为纺织厂、炼铁炉、面粉厂和其他工业提供旋转式动力。从此，大规模生产的工厂挤压了行会式作坊的生存空间。瓦特本人因他的技术发明专利成为富翁，他于 1785 年在诺丁汉郡建立了英国第一个蒸汽纺纱厂。

工业革命就这样从棉纺织业开始，迅速扩张到采煤、冶金等许多工业部门，基本实现了所有工业领域从手工劳动向动力机器生产转变的重大飞跃。一般认为，蒸汽机、煤、铁和钢是促成工业革命技术加速发展的四项主要因素，人类社会由此进入了"蒸汽时代"。"蒸汽时代"也在不断进步，例如，1788 年以前，铁矿石全是用木炭来熔炼的，由于燃料不够，铁的开采受到限制，而从 1788 年起，人们用焦炭（炼焦的煤）来代替木炭，因此 6 年之间铁的年开采量增加了 5 倍。通过发明新工艺和使用机器，生产成本显著降低，而生产产量却显著上升。正如马克思在《资本论》中所描述的那样，同样一个纺纱工，在英国和中国工作同样的时间和劳动强度，那么（理论上）他们应该创造相同的价值，但是，由于英国人使用强大的自动化机器，而中国人使用手工织布轮，他们的产能具有巨大的差异。在同样时间内，一个中国人织一磅棉花，一个英国人可以织几百磅棉花。新式的工业化生产产出价值是传统式生产产出价值的几百倍，在此过程中，资本被反复使用、更新，由此产生了更大的剩余价值。

工业革命也标志着人类社会由农业经济时代进入了工业经济时代。

第四，英国的"转型升级"还在于对资源投入的热衷。 当英国变得越来越有钱时，由于英国的钱袋子掌握在议会的手中，议会对加大科技投入很热衷。

第一种投入是广揽人才，包括法律、科学、政治、哲学方面的各类人才。政府投资兴建更多的大学和科研机构，这使英国成为欧洲国家中设立大学最多的国家。1660 年，英国皇家学会成立，1665 年，世界上第一本科学期刊——《自然科学会报》（*The Philosophical Transactions of the Royal Society*）诞生。英国有很好的人才支持政策。英国对科学研究的重视已经到上升为国家政策的程度，通过建立大量的科学实验室来支持科学探索和创新。这主要在于英国是世界上第一个认识到科学与"传统的学问"具有很大差别的国家，这就迫切需要科学仪器、探索观察、学术交流、学术出版，这些经费必须由国家来大量投入。

正如英国皇家学会的格言所说"不随他人之言"（Nullius in verba），雄辩并无效果，基于实验事实才能发现真理。只有科学家才可以承担起完成系统客观实验的使命。什么是科学家？科学家是通过实验和观察来试图理解世界，而不是阅读古代文献。他们受到好奇心的驱动，同时也致力于解决他们所处时代需要去解决的实际问题——提高航海能力、培育森林、重建大火后的伦敦等。

第二种投入是探索未知。由于掌握英国议会财政预算权力的议员们本身都对未知的科学充满兴趣，而科学的精髓恰恰在于凡事都可以预测，但又必须经过客观的、实际的观察才可以得到验证，因此，英国又很热衷于拨款去完成这些公众期待的科学观察任务。在此过程中，英国海军对于科学知识的需求也起到了极大的推动作用。例如，1675 年创建格林尼治天文台的一个重要原因，就是英国在航海事业发展过程中，海上航行急需精确的经度指示。还有我们所熟悉的库克船长（1728—1779 年），他的海洋科学考察事业都是受英国皇家海军指派的。

库克船长的三次海洋探索

库克船长的第一次探索是 1768—1771 年，其目的是观测金星凌日的天文现象，从而计算出地球与太阳之间的距离。这次考察中，他来到了南半球的太平洋，由此发现了新西兰。

库克船长的第二次探索是 1772—1775 年，其目的是探索传闻中"未知的南方大陆"。这次考察中，他发现了新喀里多尼亚，并且首次进入南极圈。

库克船长的第三次探索是 1776—1779 年，其目的是寻找西北航道，这次考察中，他发现了夏威夷群岛，并且通过白令海峡进入了北极圈。很遗憾，这一次，库克船长在返航途中被夏威夷的岛民所杀。但库克船长 12 年间连续三次考察太平洋是海洋科考史上的一个壮举。

谈到科学革命的影响，这里要说两个故事：

其一，法国与英国开展科学竞争。牛顿通过研究地球自转对地球形状的影响，预言地球不是正球体，而应是一个赤道略微隆起、两极略微扁平的椭球体。当时巴黎天文台台长卡西尼提出了反对意见，他认为，地球长得更像一个西瓜。于是，法国国王路易十四派出两个远征队，去实测子午线的弧度。结果证明，牛顿的扁球理论正确。

其二，科学对于破除迷信很有价值。由于欧洲建了很多的教堂，而教堂往往有尖顶，当雷电来时，教堂常常会遭到雷击，因此，教会经常要做各种宗教仪式来避免雷电的袭击。本杰明·富兰克林（Benjamin Franklin，1706—1790 年）在 1752 年通过实验认识到闪电其实是一种自然电流现象，随后他用细铁棒和电线连在一起发明了避雷针。到1784年，这些避雷针被装到了欧洲所有教堂的尖顶上，从此，雷雨前的宗教仪式就彻底地消失了。因此，人们说，是富兰克林将雷电和上帝分了家。有趣的是，富兰克林还是世界上第一个发现大洋暖流的科学家。

本节以两段话作为收尾。

第一段话出自恩格斯的《费尔巴哈和德国古典哲学的终结》（1886年出版）：

> 当主观臆测被终结，那么在实际生活中，现实的、实证的科学就开始了：所谓意识就是实际活动的表象，是人类发展实际进程的表象。关于意识的空洞的论说终止了，从而真实的知识就产生了。①

第二段话出自英国诗人亚历山大·蒲柏纪念牛顿的诗句：

> 自然界和自然界的定律隐藏在黑暗中；
> 上帝说："让牛顿去吧！"
> 于是，一切成为光明。②

科学革命和工业革命的影响是如此深远，历史学家称这个时代为"机器时代"（the Age of Machines）。英国是世界上第一个完成工业革命的国家，国力迅速壮大。到1800年，英国生产的煤和铁比世界其余地区合在一起生产的还多。列举几个数字作对比：英国的煤产量从1770年的600万

微信"扫一扫"观看视频

---

① 《马克思恩格斯全集》（第3卷），北京：人民出版社，1960年，第30-31页。
② 作者根据牛顿墓志铭（英文）翻译。

吨上升到 1800 年的 1 200 万吨，英国的铁产量从 1770 年的 5 万吨增长到 1800 年的 13 万吨。煤炭和钢铁就是工业国家的血液和肌肉。18—20 世纪，英国统治的领土跨越全球七大洲，是当时世界上最强大的国家和第一大殖民帝国，其殖民地面积等于本土的 111 倍，号称"日不落帝国"。

第六节　海洋贸易与美国独立

近代历史还有两个重大事件，那就是美国独立和法国大革命。

美国独立的导火索是美国茶党（Tea Party）发起的抗争，发端于 1773 年的波士顿。在 1773 年 12 月 16 日，英国殖民政府和英王乔治三世征收茶叶进口税，每磅高达 3 便士，但在国会中，没有人可以出头代表殖民地的人说话。当时仍属英国殖民地的美国东北部的波士顿民众，为反抗英国殖民当局的高税收政策，发起了倾倒茶叶的事件，愤怒的人们把英国东印度公司 3 条船上的 342 箱茶叶倾倒在波士顿海湾，这是北美人民反对英国暴政的开始，参加者遂被称为"茶党"，这次事件在历史上被称为"波士顿倾茶事件"。后来，在南卡罗来纳州的查尔斯顿、费城等地也有类似事件发生，经过进一步发酵后导致美国独立战争全面爆发。因此，这场战争其实就是由海洋贸易的利益之争引起的。

产生海洋贸易摩擦的原因主要有三个：

第一个原因是殖民地人民感到自己在三角贸易中的实际角色与英国政府为之所设的角色不对等。1607 年，英国人在弗吉尼亚建立第一个官方殖民地；1620 年，英国清教徒乘坐"五月花"号自发组织来到马萨诸塞州的普利茅斯，经过不断拓殖，到 18 世纪 30 年代，英国人已在北美大西洋沿岸建立了 13 个殖民地。18 世纪中期，英属的 13 个北美殖民地经济发展迅速，已经逐步成为英国本土以外最富裕的地区——北部工商业发达，造船业是主要的工业部门之一，甚至英国本土都有很多人购买这里制造的船只；中部盛产粮食，生产的小麦和玉米都远销欧洲市场；南部种植园经济盛行，黑人奴隶是种植园的主要劳动力，除生产稻米外，主要种植烟草和棉花等经济作物。北美生产的很多产品甚至能在国际市场上与英国产品一争高低。但英国本土只是希望北美永远做它的原料产地和商品市场，从而竭力压制殖民地的工业经济发展。

第二个原因是殖民地人民对增加税收产生了极大的不满。在1756—1763年的"七年战争"中，为争夺对北美殖民地的控制，英国与法国进行了长期的战争。英国虽然打败了法国，控制了北美大部分地区，但因长期的战争而导致财政困难。于是，英国政府不断地向北美各殖民地增加税收，并实行高压政策，竭力从殖民地搜刮更多的财富。

第三个原因是北美殖民地无法参与远东贸易。美国在独立前是英国的殖民地，没有权利直接与中国开展贸易，北美地区的所有商品都是通过英国东印度公司的商船运进中国。东印度公司的商船在中国购买茶叶后，由广州出口到英国，再由英国辗转运到波士顿卖掉，随后他们再将新英格兰地区出产的人参（中国人称"花旗参"，也就是现在所说的西洋参）运往中国。在这一过程中，处于垄断地位的英国东印度公司获取了大量利润。北美殖民地的商人十分希望能够冲破这种垄断，直接从中国进口茶叶。

美国独立战争的大致经过如下：波士顿倾茶事件发生后，英国随即出台多项法令（封闭波士顿港、增派英国驻军、取消马萨诸塞自治权、确立英国对殖民地的司法权等），加强严格管控。殖民地的代表开始联合讨论对策，于1774年9月召开殖民地联合会议，史称"第一届大陆会议"，通过《殖民者权利宣言》和《致英皇请愿书》，希望和平解决问题。但一些激进的马萨诸塞州人却无法接受，他们于1775年4月19日，在波士顿附近的列克星敦和康科德袭击了英国军队，从而招致英国人在波士顿进行大屠杀，向示威群众开枪。1775年5月10日，北美各殖民地代表在费城紧急召开第二届大陆会议，这次会议由激进派主导，殖民地态度变得十分强硬。1775年6月14日，会议决定建立大陆军，并任命乔治·华盛顿为总司令。1776年5月，北美13个殖民地在费城召开了第三次大陆会议，坚定了战争与独立的决心，并于 7 月 4 日发布由杰斐逊起草的《独立宣言》，宣布美利坚合众国正式成立，从此摆脱英国殖民统治而成为独立的国家。

北美独立战争从 1775 年开始，到 1783 年结束。战争开始阶段，由于双方实力悬殊，北美独立军几乎被英军一举歼灭。但到了 1778 年，情况发生转机，欧洲各国因早就对英国独霸不满，由法国牵头，出面承认美国独立，并签署军事同盟条约，随后法国直接参战。1781 年，英军主力退守到海岸边的约克镇准备撤离，但华盛顿请法国海军切断了英军海上逃跑路线，同时，指挥美法联军从陆上对约克镇实施合围。在美法联军的猛烈攻击下，走投无路的英军最后只得投降。由于法国的全力支持，殖民地最终取得胜利，于 1783 年 9 月 3 日英美签订《巴黎条约》，北美殖民地正式独立。在美国首都华盛顿有一个骑马将军的雕像，那就是参加北美独立战争的法国将军拉法叶（Lafayette）。

其实，如果了解了这段历史，就可以理解后续的历史发展：法国为了帮助美国独立而耗资巨大，引起国内经济危机，法国的皇帝路易十六最后骑虎难下，生活水平下降的老百姓发动了暴乱，这就是法国大革命的起因。法国大革命造成的深远影响是现代世界形成的一个重要原因，所以下一章将对此详细阐述。

北美独立之后，美国 13 个州的殖民地迫不及待地开始做两件事情：第一是开展与中国的贸易；第二是实现工业化，抢占工业产品的世界市场份额。第一件事情的结果是美国今后在国际外交上坚持中国门户开放的原则。第二件事情的结果则是随着工业化的北方与以种植园产业为主的南方之间产生了新的矛盾，导致美国南北战争的爆发。

在本节的最后，讲一讲美国在独立后展开的中美贸易。在 1784 年，即美国正式独立后的第二年，美国人就迫不及待地要开始和中国做生意了。在这一年，"中国皇后"号货船成功前往大清王朝，华盛顿希望看到这艘船前往中国各地，与中国结成新的纽带，建立新的伙伴关系。"中国皇后"号开启了中美贸易交流的处女航。

在当时，美国流行着这样一个传言：在美国西海岸，以 6 便士购得的一件海獭皮，在中国的广州可以卖到 100 美金。于是，到遥远的中国去寻找财富，成了当时美国商界的迫切愿望。随着造船技术的进步和航海知识的迅速掌握，美国商人远涉重洋的梦想终于可以实现。

1784 年（清乾隆四十九年）2 月 22 日，是美国首任总统乔治·华盛顿的生日。这一天，曾在美国独立战争期间服役并在战后被几个商人合资购置的一艘木质帆船，载着 473 担人参、2 600 张毛皮、1 270 匹羽纱、26 担胡椒、476 担铅、300 多担棉花和 43 名船员①，停靠在码头边，准备从纽约起航，驶向东方一个名叫“广州”的遥远口岸。在这艘载重量约为 360 吨、长 30 多米的帆船上，用英文标注着美国人给它起的名字——“The Empress of China”（即“中国皇后”号）。

“中国皇后”号穿行大西洋，绕过好望角，跨越印度洋，最终驶入南海，总行程 1.13 万海里，历时 188 天。同年 8 月下旬，“中国皇后”号到达澳门，在这里取得了盖有清廷官印的“中国通行证”，而后进入珠江。在一名中国引水员的带领下，经过一天的航行，于 1784 年 8 月 28 日缓缓驶进广州黄埔港。帆船靠岸后自豪地鸣炮 13 响，代表由 13 个州组成的美国向华夏帝国致敬。这艘在当时看来并不起眼的帆船，在广州升起了一面美国星条旗。

经过 4 个月，“中国皇后”号通过广州十三行的商人，把船上的货物全部卖完，然后从中国带回大量的物品。从当时船上的一张货单上可以看到，这次运回美国的货物有：红茶、绿茶等数百吨，瓷器四五十吨，还有丝绸、牙雕、漆器、雨伞、紫花布、印花布、手贴墙纸、桂皮等一大批中国工艺品和特产。另外，广州官吏还特意赠送两匹绸缎给美国政府。“中国皇后”号在 1784 年 12 月 27 日起航回国。

1785 年 5 月 11 日，经历了 4 个多月的航行，“中国皇后”号回到纽

---

① 常昌盛：《〈中国丛报〉中西冲突报道与舆论研究（1832—1842）》（博士论文），北京：北京外国语大学，2023 年。

约。美国独立前，由于英国的封锁，美国人一直很难买到来自海外的货物。因此，"中国皇后"号即将回到美国的消息一出，便早早有人等在码头，准备抢购这批盼望已久的中国货。

总统华盛顿也不例外，船上的物品中有个茶壶，一下子吸引了他的目光。这个茶壶造型优美，把手处作双耳交叉形，别具一格，壶上绘有代表中国的飞龙图案。华盛顿如获至宝，十分珍爱，并在上面加上了辛辛那提协会的标记。辛辛那提协会是美国独立战争时期的一个爱国组织，华盛顿是该会的首任会长。这把茶壶现已成为美国的一件珍贵文物，存于美国国家博物馆。另外，在美国新泽西州的博物馆中，至今还可以看到当年从广州十三行订购的印有"中国皇后"号字迹的瓷器。

据史料记载①，"中国皇后"号美中航行的一个来回，其利润高达1 500％，这令美国官方和民众喜出望外。巨额利润的吸引，使美国掀起了远航中国的热潮。"中国皇后"号首航中国的成功，为刚刚独立的美国经济注入了强烈的兴奋剂。美国报纸称这次航行是"美国商业史上的一个里程碑"。可以说，历史上中美之间的贸易，是由"中国皇后"号起航而开始的。美国在立国之初，是对中国充满好感的，主要原因当然是海洋贸易的诱惑。

微信"扫一扫"观看视频

小　结

近代历史基本塑造了整个世界的秩序。地理大发现带来了殖民主义和三角贸易，加快了资本主义的原始积累和对科学技术的极大需要，科学革命引发了启蒙运动，经济发展促进了工业革命，国家富裕的道路首次突破

---

① 李国荣：《"中国皇后号"：开启中美早期的贸易》，载《清史镜鉴》第3辑，北京：国家图书馆出版社，2010年，第73页。

了马尔萨斯的"人口陷阱"论，亚当·斯密的《国富论》为人类指明发展经济是政治的主要目标。同时，世界贸易和经济发展催生了美国独立，英国光荣革命启发世界各国走向现代法治和资本主义社会。另外，海洋科学考察显著增进了人类的科学认知，海洋贸易也促进了国际法律秩序的初步建立。正如国际法的先驱——荷兰人格劳秀斯所说，海上的自由，是终究要变为所有人可以分享的利益源泉。如果从历史唯物主义的视角来看，那么可以看到，在18世纪末，商业革命和科学革命的持续进步催生了工业革命，生产力水平出现了前所未有的提高，这种从量变到质变的飞跃，直接导致原有的社会生产关系出现了极大的不适应，不同的社会阶层正处于上下流动带来的漩涡之中。从世界整体来看，则是欧洲中心主义论在欧洲生产力水平提高的自信之中开始发育。这些深刻的变化奠定了下一个世界基调——列强争霸，而决胜的舞台将在海上搭起。

第四章 现代篇

第一节 概 述

什么是现代社会的理想和标准？用一句话来说就是：民族解放，国家独立，人民幸福，世界和平，生态和谐。如何能够创造一个共同富裕的社会？用《共产党宣言》中的话来说，每个人的自由发展是一切人的自由发展的条件。这是一个时代发展的根本命题，因为随着工业革命的进程，生产机器逐步普及世界各个角落，历史已经到了人类可以突破马尔萨斯的"人口陷阱"论的阶段，这就意味着持久的和平成为一种历史的可能。在今天的人看来，1950年以来世界主要大国之间未发生大规模武装冲突，决定这种世界政治环境的主要因素究竟是什么？可能和道德进步、经济发展、科技创新和军事均衡都有关系。20世纪90年代以来的互联网时代，可以说又是一场巨大的全球社会变革的开始。对于人类的未来来说，海洋已经不再是战场，而是容纳人类今后发展的重要空间。这既是早期海洋对人类文明作用的一种延伸，更是一场全新的革命。海洋约占地球表面积的71%，海洋的平均水深3 800米，水体积为13.5亿立方千米，占世界总水量的96.5%，海洋产生了地球氧气的50%，海洋是相互联结的全球共同体的血液。全球90%的贸易来自海洋通道，世界70%的人口居住在距海岸带100英里（1英里约1.61千米）的滨海地带，人类的商业航行、海洋渔业、海洋油气开采主要集中在距海岸线200英里以内的海域，海底通信电缆占世界总电缆长度的90%，如今的海洋，已经成为全球人类共同关注的新边疆。特别是在我国提出建设"21世纪海上丝绸之路"后，在全球化的时代，如何理解合作与竞争，是一个时代的教育主题。

但正如前文所说，要实现和平利用海洋，我们仍然需要认识历史的逻辑，需要认真地考量这种历史发展的逻辑是必然的继续，还是需要深刻的变革。本章力图展现这种发展脉络，以使得我们对于未来有一种洞察的能力和警觉。

相对于以往的任何时代，现代社会的特点就是变化快。只要看三点就能够知道这种变化有多快。

一是人口。1800年全球人口达到历史性的10亿，而公元前200年全球人口约2亿，也就是说，大约经过了2000年，全球人口数量翻了5番。而1800年后又经过120年，全球人口就达到了20亿，这是十分惊人的速度，甚至引起了很多学者的恐慌。1968年4月，欧洲成立了由30多位专家组成的研究未来问题的罗马俱乐部，该组织在1972年发布了第一篇报告《增长的极限》（*Limits to Growth*），这些学者达成了一个基本认识——人口数量已经超出了地球的承载能力，已经超越了极限。这本书中提出的可持续增长的概念至今影响深远。但世界人口的数量仍然在继续增长，在2000年达到了60亿。人口的数量增长变化实在是太快了。

二是技术。农业革命自1万年前开始萌芽，至农业技术引起社会结构变化从而形成初级国家用了6000年。后来人类度过了青铜时代、铁器时代，在欧亚大陆形成相对联结的文明，直到公元100年形成了有相对明确记载的古典帝国时代，但其主要生产方式的唯一进步就是手工农业劳动变为人力、畜力配合的农业劳动，直到18世纪中叶以后进入工业革命。而从以蒸汽技术的机械化为特点的第一次工业革命到以电力技术的电气化为特点的第二次工业革命只用了120年，再到以计算机技术的自动化为特点的第三次工业革命大约用了80年，而当前正在展开的以互联网技术的智能化为特点的第四次工业革命，互联网、物联网、材料科技、生物科技、数据科技、清洁能源，都在引起全方位的产业结构与社会结构的变化。200 年的技术变化以及技术带来的知识进步远远超过了古人的想象。很多发达国家的农业占国民经济生产总量的比值已经下降到 10% 以下。

三是制度。自以国家为社会管理基本组织架构的文明产生以来，一国必须有君主，这是一种人类的共识，可以说是古代世界的普世价值。翻开世界上任何一本记载古代历史的书，如果你关注国家的治乱兴衰，有一点是肯定的，那就是没有君主或者君主频繁更迭的时期肯定是乱世，比如中国唐朝后期与罗马帝国的三十僭主时期，凡是繁荣的时代都是君主的寿命比较长的时期，比如中国的汉武帝、古罗马的五贤帝、奥斯曼的苏莱曼一世、英国的伊丽莎白女王时期。即使是最聪明的古代思想家，无非也是想着如何教育君主成为一个"明君"，天不变，道亦不变。从这一点来看，柏拉图和孔子的理想完全一样，那就是有一位"明君"。一国如果没有君主，那是不可想象的。哪怕架空君主的权力，在中国的古书上还经常会落下"权臣"的定语，是褒是贬，耐人寻味。但当今的世界，权力属于人民已经成为共识。

这三点加在一起，就是人、人的生产力和生产关系，它们都已经发生了巨大的变化。可以说，近 200 年的历史发展已经没有古书可以照搬照抄，以不变应万变早已成为一种陈旧认识。打个比方来说，古代世界是加法时代，近代世界是乘法时代，而当今时代，则是指数时代。

这 200 年的巨变，作为一个中国人应该印象至深。1793 年的时候，中国人还抱有泱泱大国唯我独尊的自我满足，乾隆皇帝因为英国使节马戛尔尼不愿行跪拜礼、只愿意行屈膝礼而不肯当面召见，但到了 1840 年鸦片战争时，中国人对外面的世界就大吃一惊了。这种国家之间的实力变化之惊人，在外国人眼里更为明显。在 1879 年，美国总统尤利西斯·格兰特（1822—1885 年，曾于 1869—1877 年为第 18 任美国总统，是美国历史上第一位从西点军校毕业的总统）访问中国，受到北洋大臣李鸿章接待，李鸿章请格兰特去日本为中国调停琉球群岛的问题，格兰特访问日本之后，曾给李鸿章写了一封信。信中写道，中国大害在一"弱"字，国家譬如人身，人身一弱则百病来侵，一强则外邪不入。格兰特建议中国仿日本之例而效法西法，广行通商，则国势必日强盛，各国自不敢侵侮。但后面的历史却是中国先后签订了《马关条约》《辛丑条约》，不断地割地赔款。李鸿章作为一个生活于19世纪的中国上层人物，他已经认识到"中国遇到了数千年未有之强敌，中国处在三千年未有之大变局"，但他又认为自己只能当好一个裱糊匠。李鸿章说："我办了一辈子的事，练兵也，海军也，都是纸糊的老虎，何尝能实在放手办理？不过勉强涂饰，虚有其表，不揭破犹可敷衍一时。如一间破屋，由裱糊匠东补西贴，居然成是净室，虽明知为纸片糊裱，然究竟决不定里面是何等材料。即有小小风雨，打成几个窟窿，随时补葺，亦可支吾应付。乃必欲爽手扯破，又未预备何种修葺材料，何种改造方式，自然真相破露，不可收拾，但裱糊匠又何术能负其责？"① 在签订《辛丑条约》这一年的年末，李鸿章病逝，终年78岁。两个月后，梁启超写了《李鸿章传》（又名《中国四十年来大事记》），清朝的走向如同过山车从山顶一路走到谷底的剧本，李鸿章没有赶上后半场——1905年，清朝政府废除了延续1300多年的科举制度，1912年中华民国元年，1945年中国以创始国身份成为联合国安理会常任理事国，1949年中华人民共和国成立，2001年中国加入世界贸易组织，2010年中国国内生产总值（GDP）以5.8万亿美元超过日本成为世界第二大经济体。相对于以前所谓的高峰，用现在的眼光看那也仅仅是一个小土坡了。民族解放、国家独立、人民幸福是中国改革开放以来最深刻的感受和认识，这应该也是世界发展至20世纪中期之后的大趋势、大格局。

如果你生活在19世纪初，是否会对未来有一种今后将完全不同于以往的预感呢？在世界上，可能只有英国人才会有这种感觉，他们将在今后的100年里主导世界的文明进程。1801年1月1日，英格兰、苏格兰、威尔

① 吴永：《庚子西狩丛谈》（卷四），北京：中华书局，2009年，第121页。

士和爱尔兰合并成立大不列颠及爱尔兰联合王国。同年，世界上第一条公共铁路在英国的萨雷开始建设。如果你是一位先知，是否可以用"联合"和"建设"这两个关键词来提炼出这一年的主旋律？是否可以预感到，在这个以"变化"为时代主旋律的200年，"联合"和"建设"是不变的基调？

不得不说，世界现代历史舞台的主角是欧美列强。本节先来分析一下欧洲的政治格局——列强争霸。要理解欧洲近代史以来列强产生的原因，可参考一下中国的历史。中国有成语"秦晋之好""朝秦暮楚"，这都是东周春秋时期的典故。"秦晋之好"指的是国家君主通过姻亲关系而结成的政治联盟。欧洲的王室姻亲政治很像中国的春秋时代，但不同的一点是欧洲王室常常出现子女稀少甚至绝后的情况，因此又会出现一国的王位因王室没有父系后代转而由另一国的母系后代来继承的情况。但由于欧洲王室姻亲关系复杂，因此又导致王位争夺战争，英国通过颁布《王位继承法》解决了这个重大的政治稳定问题，但欧洲其他国家却没有。"朝秦暮楚"是指夹在两个大国之间的小国为了自身的国家安全不得不做墙头草，欧洲的一些小国也不得不做出如此的决策。

19世纪初的政治格局是由欧洲近代史中一系列重大历史事件所决定的，本书梳理为以下六个方面：

（1）西班牙强盛时期的政治关系。16世纪的西班牙是欧洲第一大国，最强盛的时期是卡洛斯一世（1516—1556年在位）执政的时期，卡洛斯一世也是神圣罗马帝国皇帝查理五世，他统治着西班牙、奥地利、荷兰和意大利南部及广大的西班牙殖民地。他之所以能拥有如此广阔的统治区域，是因为查理五世是奥地利帝国皇帝的孙子和西班牙国王的外孙，由于他的外祖父和祖父执政时间都比较长，查理五世的父亲先去世了，而查理五世的母亲（西班牙国王费尔南多二世的独女）和父亲又不受老国王的信任。因此，先后去世的两位老人都把王位的继承权交给了查理五世。奥地利的老皇帝又有神圣罗马帝国皇帝（由教皇授予）的头衔，因此，查理五世全部得到了继承。当查理五世去世后，他把奥地利皇帝和神圣罗马帝国皇帝的头衔留给了他的弟弟，而把西班牙、荷兰及西班牙的殖民地交给了他的儿子费利佩二世。正是因为这种特殊的政治关系，所以，在费利佩二世的时代，西班牙才会冲在前面，既要受教皇征召去参与对抗奥斯曼帝国的勒班陀战役，又要去镇压荷兰的新教徒起义，也必须与新教背景的英国伊丽莎白女王为敌。1500—1700 年是西班牙与奥地利的结盟乃至共主的时代，正是因为这种稳固的联盟，所以欧洲才能抵挡奥斯曼帝国的进攻，为自身的发展赢得了时间和空间。

（2）葡萄牙与英国的联盟关系。葡萄牙在 1580 年被西班牙兼并，直到 1640 年才宣布独立，英国因为与西班牙的敌对关系，在 1642 年与葡萄牙结成联盟，1661 年英国和葡萄牙两国王室又结成了姻亲关系。1668 年，西班牙和葡萄牙签订《里斯本条约》，两国终止敌对状态，建立和平外交关系。由于葡萄牙处于伊比利亚半岛的西南侧这样一个独特的地理位置上，因此，一方面英国凭其海洋军事的优势可以十分方便地向葡萄牙调运资源，另一方面，为使英国在与西班牙的军事对抗中能形成沿大西洋一侧的合围之势，葡萄牙成为一个有力的楔子钉在了伊比利亚半岛上，成为今后协助英国发挥军事优势的一个重要的桥头堡。

（3）西班牙与法国的联盟关系。1701 年，西班牙王朝的直接继承人缺位，法国和奥地利都提出了继承权的要求，法国波旁王朝路易十四宣布他的孙子费利佩五世继任西班牙王位，奥地利皇帝则宣布他的第二个儿子查理应该继任，双方发生了一场长达 14 年的战争（史称西班牙王位继承战争），同时，路易十四还认为荷兰 1648 年的独立是非法的，西班牙应该收回对荷兰的统治权。由此，荷兰和英国也参加了这场战争。交战的一方是西班牙与法国，另一方是奥地利、英国、荷兰、葡萄牙，战争的结果是法国路易十四的孙子费利佩五世保住了西班牙的王位，但战后所签订的《乌得勒支和约》规定法西两国永远不能合并；原来属于西班牙的意大利南部地区归奥地利所有，英国还乘机占领了西班牙南部可控制地中海和大西洋海洋通航的战略要地直布罗陀海峡（直到现在）。从此，西班牙与奥地利的结盟关系就彻底结束了，西班牙和法国的结盟关系则一直延续了一个多世纪。

（4）英国和荷兰的政治关系。在 17 世纪，英国与荷兰为了争夺海洋权力，爆发了多次战争。起因是英国议会于 1651 年通过了《航海条例》，规定一切输入英国的货物，必须由英国船只载运，这极大地损害了荷兰的经济利益，1653 年双方海军在英吉利海峡决战，英国获胜。荷兰被迫承认《航海条例》，同意在英国水域向英国船只敬礼，并割让了大西洋上的圣赫勒拿岛。其后，双方又爆发了多次战争。最后，在 1780—1784 年期间，荷兰海军被英国彻底打败，荷兰的商人们为了保护自己的利益又将部分金融资产转移到英国避险。从此，荷兰就成了一个只好"朝秦暮楚"的政治小国。

（5）俄国与普鲁士的崛起。普鲁士崛起的历史很像中国春秋时期的秦国，它建国最晚、地理最偏僻，但因为重视军事和法治，经过 500 年的不懈努力而成为欧洲列强。普鲁士原本是东欧的一个小国家，最初是十字军东征失败后由条顿骑士团退回欧洲寻找到的一块栖居地。该地区靠近波罗的海，因此在长期的生活中，普鲁士接受了汉萨同盟（现德国北部）的文化和语言。到 1740 年，普鲁士出现了一位伟大的君主腓特烈二世，他不仅军事上很杰出，为普鲁士占据了很多富庶的土地，被称为军事天才和腓特烈大帝，而且他从法国的伏尔泰那里接受了启蒙主义思想，改进司法和教育制度，鼓励宗教信仰自由，并扶植科学和艺术的发展。到 1786 年腓特烈二世去世时，普鲁士已经成为欧洲强国之一，其行政机构的高效率和廉洁为欧洲之首。俄国原来是一个游离于欧洲之外的国家，长期受到蒙古金帐汗国（1242—1502 年）的统治。东罗马帝国在 1453 年灭亡时出现了王位传承的空缺，而带领俄国获得民族独立的伊凡三世于 1472 年迎娶了拜占庭末代皇帝的侄女索菲娅，因此俄国统治者自认为是东罗马帝国的皇位继承人而自称"沙皇"和东正教教主。到彼得一世（1672—1725 年）统治时期，在政治、经济、军事和科技等领域进行西化改革，他不仅派遣使团前往西欧学习先进技术，而且本人也以化名随团出访，到荷兰的阿姆斯特丹和英国的伦敦去学习造船和航海技术，并聘请大批科技人员到俄罗斯工作，使俄罗斯成为欧洲大国之一。因此，彼得大帝也被誉为俄罗斯的缔造者。

　　（6）法国的海外扩张及与英国的矛盾。法国自 1453 年将英国彻底从欧洲大陆赶出（英法百年战争）后，成为欧洲大陆的强国。自 17 世纪初开始，法国也开始寻找、建立海外殖民地，主要在北美北部的新斯科舍（Nova Scotia）、蒙特利尔以及密西西比河流域。随着双方的扩张，法国的北美殖民地与英国的北美殖民地在密苏里流域重叠，双方爆发了"七年战争"，其后双方的结盟方也相继卷入战争。战争的结果是英国取得胜利，法国被迫放弃了印度的殖民点、加拿大部分殖民地和密西西比河东岸。法国王室的地位一落千丈，所以转而倾其全力支持英国的北美殖民地独立，但又由于国内经济危机而导致法国大革命的爆发。法国大革命后，经过相对混乱的 10 年，拿破仑掌握了权力，得到了民众和军队的支持。

　　这就是 19 世纪初的欧洲政治格局——英国、法国、奥地利、普鲁士、俄国成为欧洲五大强国，而曾经强大的荷兰、西班牙、葡萄牙、意大利则成为政治上相对弱小的"附庸国"。欧洲"战国"的历史，时战时和、断断续续，一直延续到第二次世界大战结束，才重新恢复和平。在这一系列的战争中，只有英国因其海上军事的优势而始终不败，这就是海权论思想的历史根源。

微信"扫一扫"观看视频

　　如果对这 200 年的历史进行划分的话，大致可以每 50 年为一个历史阶段。重要的历史事件见表 4-1（1920 年之后的历史相对为人熟知，不在表中具体列述）。

表 4-1　与海洋有关的人类文明发展大事记（1800—1920 年）

重大事件	时间/地点	备注
特拉法尔加海战	1805 年 10 月 21 日西班牙特拉法尔加角外海域	帆船时代规模最大的海战，英国击败法国，巩固了海上霸主地位，法国海军精锐尽丧，从此一蹶不振

续表

重大事件	时间/地点	备注
达尔文出版《贝格尔号航海记》	1839 年 英国	达尔文参与了历时近五年的环球考察，其中在海上共计 18 个月，并在 20 年后出版了《物种起源》
第一次鸦片战争	1840—1842 年 中国沿海地区	中英两国签订《南京条约》，标志着西方强国打开了中国大门
第二次工业革命	19 世纪中叶开始 欧洲及美国、日本	发电机的发明使得电力成为补充和取代蒸汽机动力的新能源，内燃机汽车、远洋轮船、电话等迅猛发展，人类进入了"电气时代"
铁甲战舰诞生	1862 年 英国	19 世纪中叶的战舰技术革命，使人类航海事业进入铁甲时代
帝国主义时代来临	19 世纪末 全世界	美、德、英、法、日、俄等相继进入帝国主义阶段。全球化时代来临，各国利益冲突的矛盾加剧
日本制订海军建设计划	1870 年 日本	日本计划用 20 年拥有军舰 200 艘，提出"若有百艘军舰，他国便会敬畏"
中国北洋水师成立	1888 年 中国	北洋水师有军舰 25 艘、辅助军舰 50 艘、运输船 30 艘、官兵 4 000 余人，号称是东亚第一、世界第九的海军舰队
苦味酸炸药研制成功	1891 年 日本	日本工程师下濑雅允研制成功威力巨大的黄色火药，称为"下濑火药"，配备于海军，在后续海战中有重要影响
甲午战争	1895 年 黄海、山东半岛、辽东半岛及朝鲜	日本战胜中国，北洋水师覆灭，国人痛心并警醒
对马海峡海战	1905 年 朝鲜半岛和日本本州之间的对马海峡	日本联合舰队使用"丁"字战法歼灭俄国第二太平洋舰队。此战之后，日本巩固了其世界列强的地位
第一次世界大战	1914—1918 年 主要发生在欧洲	"一战"之后，威尔逊提出民族国家理念，被称为"威尔逊十四条"。中国第一次成为国际斗争的战胜国

第一阶段（1801—1850 年）主要是拿破仑政权与反法联盟交战对峙，而拿破仑政权垮台后其政治思想却传播至欧洲各国，引起了广泛的革命。法国大革命之后，1793 年法国国王路易十六被处决，引发欧洲各国结成反法联盟，此后的 23 年中法国与反法联盟对抗七次。拿破仑·波拿巴（1769—1821 年）在 1793 年的土伦战役中成名，1798 年征服埃及，1799 年成为法兰西第一共和国执政官，1804 年加冕成为皇帝，其后的十多年中，多次出奇制胜，打败普鲁士、俄国和奥地利等国。拿破仑的一生只有三场败仗，却都是致命的。第一次是 1805 年的英法特拉法尔加海战，法国舰队全军覆没，从此法国失去了制海权。第二次是 1812 年的俄法战争。拿破仑率军 61 万进攻俄国，俄军司令库图佐夫采用坚壁清野战术，不断后撤，甚至放弃首都（俄国人自己放火焚烧莫斯科），等到冬天来临后，拿破仑的军队缺衣少食，又传染了斑疹伤寒，只能后撤。俄军乘机反攻，法军死伤惨重，只有 3 万人回到国内，从此，法国陷入了兵员匮乏的境地。其后，反法联盟开始全体反攻，1814 年拿破仑宣布投降。第三次是滑铁卢战役。拿破仑从流放的厄尔巴岛逃回法国重整旧部，法军兵力总计约 30 万人，反法联盟总兵力约 70 万人。双方在比利时小镇滑铁卢展开决战，英军统帅威灵顿公爵取得决定性胜利。拿破仑再次下台，并被英国拘押在圣赫勒拿岛。拿破仑时代彻底结束。

拿破仑时代虽然结束，但拿破仑在统治时期把他的《拿破仑法典》传到了欧洲许多地方。欧洲各地在 1848 年爆发了欧洲平民与自由主义学者对抗君权独裁的武装革命，历史上称为 1848 年革命，也称"民族之春"（Spring of Nations）或"人民之春"（Springtime of the Peoples）。法国爆发二月革命，推翻法国国王路易·菲利普，选举拿破仑的侄子路易·波拿巴为法国新的总统。德国各地在 1848 年爆发革命，要求各个独立邦国实现统一，成立真正的民族国家。1850 年，普鲁士制定宪法，明确提出要建立一个团结的联盟国家，为德国的最终统一奠定了法理基础。奥地利在 1848 年爆发革命要求废除封建制度，奥地利首相、保王党的梅特涅被迫下台。奥地利在 1849 年颁布宪法，承诺组织一个保障帝国统一、民族平等及代议制的国会，并且废除封建制度、改革司法制度。1848 年的革命影响十分深远，几乎席卷整个欧洲。丹麦、匈牙利、瑞士都在 1848 年开始实现君主立宪或颁布新宪法。

为人熟知的匈牙利诗人裴多菲（1823—1849 年）的诗作"生命诚可贵，爱情价更高。若为自由故，两者皆可抛！"就是这个时期的作品。这首诗写于 1846 年，诗人正值 23 岁，刚刚结婚，是他在蜜月期间写的。裴多菲的新婚妻子是一位伯爵的女儿，而他本人出身贫寒，但裴多菲用他的热情、学问和诗句赢得了爱情。两年之后的裴多菲参与领导了匈牙利的民族起义，他为此写下了起义檄文《民族之歌》："起来，匈牙利人，祖国正在召唤！时候到了，现在干，或者永远不干！是做自由人呢？还是做奴隶？就是这个问题：你们自己选择！——在匈牙利人的上帝面前，我们宣誓，我们宣誓，我们永不做奴隶！"① 起义随后在匈牙利首都布达佩斯发动，1849 年裴多菲死于战斗，留下 22 岁的妻子和 1 岁半的幼子。他在短暂的 26 岁人生中，写下了 800 多首抒情诗、8 部长篇叙事诗、80 多万字的其他政治与文学作品，成为匈牙利民族文学的"基石"和追求民族独立解放的精神支柱。

马克思的《共产党宣言》就是在这一年（1848 年）写下的光辉思想。要理解共产党宣言，必须理解法国大革命带来的人权思想和《拿破仑法典》带来的破除封建制度的思想。1848 年的革命使欧洲总体上朝着废除封建等级制的方向前进了一大步，民族国家理念开始深入人心。但马克思看得更加长远，他所希望的是全体人民真正平等的社会。

在这一历史阶段，美国悄悄地完成了国土的大力开拓。随着法国和西班牙的衰弱，美国占据了当今领土中的全部大陆本土，为今后的大发展奠定了强大的自然地理基础。

---

① ［匈］裴多菲·山陀尔：《裴多菲诗选》，孙用译，北京：人民文学出版社，2022 年。

第二阶段（1851—1900 年）是欧洲各国成为现代独立主权国家的阶段。德国的统一、意大利的统一和法国的战败，科学知识推动的第二次工业革命的发生以及对于殖民地新一轮争夺，都是这一时期非常重要的事件。

1804—1814 年期间，德国的土地在拿破仑的统治之下，民族国家的理想在这里开始发展壮大，柏林大学校长费希特提出"共同的语言是一个国家形成的前提"。其后，普鲁士在首相俾斯麦的推动下发动了德意志统一战争，连续取得了三场重要的军事胜利（1864 年普丹战争、1866 年普奥战争、1870 年普法战争），在 1871 年建立了不包括奥地利的、政治行政均独立统一的德意志帝国①。从此，说德语的地区就形成了德国、奥地利两大国。德国统一之后相对于原先的普鲁士，力量强大很多，可认为是欧洲大陆的第一大国。

意大利自 1848 年起义后，又通过几十年的武装斗争，在 1870 年完成国家统一。1871 年 1 月，意大利王国首都由佛罗伦萨迁到罗马。这是自公元 476 年西罗马帝国灭亡后的首次统一。

法国则在 1871 年的普法战争中被打败，在决定性的色当会战中，拿破仑三世、法军元帅以下的 39 名将军、10 万士兵全部做了普鲁士的俘虏，650 门大炮也被缴获，法兰西第二帝国灭亡（路易·波拿巴于 1848 年当选法兰西共和国总统，1851 年恢复帝制，改称拿破仑三世）。

经过整个 19 世纪的科学技术和产业技术的进步，第二次工业革命发生了，这次革命是从德国开始的。相对于第一次工业革命来说，这一次工业革命具有全新的特点——人类首次完全依靠科学创造的革命。如果说第一次工业革命主要是依靠技术工人的实践心得和巧妙构思，那么第二次工业革命就是科学知识指导的革命了。

德国的科学崛起首先要归因于新型大学的创办，普鲁士的教育部长洪堡于 1810 年创立柏林洪堡大学，柏林洪堡大学是世界首个研究型大学，被

----

① 这才是德国作为一个现代国家的开始，在此之前提到的"德国"都是一种通俗化的称号，这样的情况在欧洲史上是比较常见的。

称为"现代大学之母"。洪堡的教育理念是现代的大学应该是"知识的总和",教学与研究必须同时在大学内进行,这种"研究教学合一"的教育学方法极大地推动了科技创新,并进一步促进了科学与工程技术的结合。1866年,德国人西门子研制出发电机,到1870年,实际可用的发电机问世。以电气化为特点的工业革命由此诞生,科技创新出现井喷式爆发,以煤气和汽油为燃料的内燃机和柴油机先后创制成功。1880年,德国人本茨等成功地制造出由内燃机驱动的汽车。内燃机汽车、远洋轮船、航空器等也得到了迅速发展。内燃机的发明还推动了石油开采业的发展和石油化工业的生产。列举一个此次工业革命井喷式爆发的数据:1870年,全世界生产大约80万吨石油,而1900年的年生产量就达到2 000万吨石油。

第二次工业革命发展的速度很快,美国、法国、英国、意大利都逐步实现了电气化革命。尤其是美国,自1865年内战结束之后,全国进入了极其强劲的发展态势,赶上甚至超越了欧洲强国。1878年,爱迪生成立了世界上第一家工业实验室,并于1879年发明了第一只白炽灯,这家公司就是至今仍然赫赫有名的美国通用电气公司;1876年,美国人贝尔发明了电话,随后取得了专利权,成立了贝尔电话公司。特斯拉在1888年发明了交流电感应发电机,为美国电力机械大发展达到世界领先水平奠定了基础,美国也因此形成了强大的钢铁、化学、汽车工业,成为第二次工业革命的最大获益者,逐步加入世界列强的行列。

随着第二次工业革命使西方列强的国力再次升级,这些国家对于殖民的兴奋点也从原来的三角贸易(主要是种植业、纺织业和贵金属冶炼业)转向寻找更广泛的资源进行掠夺,尤其是在1869年苏伊士运河的通航拉近了欧洲各国到达世界各地的物理距离之后。新的强国(德国、日本、俄国)的崛起也使列强展开了瓜分世界版图的新一轮竞争,并在19世纪末达到了高潮。在19世纪最后的25年里,欧洲在非洲占领了2 569万平方千米土地;在亚洲,俄国占据了1 700万平方千米的土地;法国征服了整个印度支那半岛(越南、老挝、柬埔寨);英国占领了马来半岛和北婆罗洲,控制了波斯湾和阿拉伯半岛南部；在大洋洲，德国从西班牙手中购买了加罗林群岛、马里亚纳群岛等殖民地。一些亚洲国家，包括传统强国中国、奥斯曼帝国、波斯帝国都被侵略，沦为半殖民地国家。这些国家的海关、交通、通商、筑路、开矿、建厂、银行等权益都无法实现完全独立。

19 世纪下半叶是西方列强狂欢的时代。在欧洲以外的国家中，只有日本加入了列强的行列。

第三阶段（1901—1950 年）发生了五个重要的事件。

一是美国超越英国，成为世界第一强国。1870 年，美国国内生产总值（GDP）占世界 GDP 的 8.87%；大英帝国 GDP 占世界 GDP 的 24.28%，其中英国本土的 GDP 占 9.03%，英属印度占 12.15%。[1] 此时，美国 GDP 总量是大英帝国的约 1/3，低于英国本土与英属印度。1913 年，美国 GDP 占世界总量的 18.93%；大英帝国占世界总量的 19.7%，其中英国本土占 8.22%，英属印度占 7.47%，美国已经非常接近大英帝国的 GDP 值；另外，沙皇俄国的 GDP 总量也超过了英国本土。[2] "一战"以后，美国 GDP 毫无疑问地成为世界第一，至今已保持 100 多年。这主要得益于美国把握住了第二次工业革命的发展先机。而英国则由于第一次工业革命的惯性太大，没有及时进行产业更新换代而逐步降低了发展速度。尤其是 1914 年美国掌控的巴拿马运河的开通，为美国控制两洋（太平洋和大西洋）的长远战略确立了巨大的地缘优势。到"二战"后，英国引以为傲的世界第一军事强国的位置也让位于美国。美国和英国之间实现了世界霸主权力的和平交接。

另外三个重要事件是两次世界大战、苏联和中国成为社会主义国家，以及联合国的创立。这些历史事件有一个共同的指向：世界必须更加和平、平等。两次世界大战明确证明了弱肉强食的恶性竞争必然走向兵戎相见，国际社会必须建立持久的和平秩序。

---

[1] Goedele De Keersmaeker, *Polarity*, *Balance of Power and International Relations Theory*: *Post-Cold War and the 19th Century Compared*. London：Palgrave Macmillan, 2017, p. 90.

[2] 同上。

第五个重要事件是由于欧洲列强战后实力空虚，各殖民地国家迎来了第二波独立浪潮。尤其是中国（半殖民地国家）、印度、朝鲜、越南的独立对于世界历史具有深远意义。

第四阶段（1950年至今）的重要事件有三个（虽然科技、教育、卫生方面的进步非常值得介绍，但从文明进程的大局来看，以下三点最为核心）：

一是民族解放运动的蓬勃兴起和联合国成员国数量的扩充。第三波民族独立浪潮主要兴起于20世纪60年代的非洲，例如，1960年就有17个非洲独立国家加入了联合国。1945年6月26日，各国签署《联合国宪章》，联合国正式成立，总部设在纽约，初创成员国51个，其中欧洲14个、美洲22个、大洋洲2个、亚洲9个、非洲4个。到2011年，有193个成员国，其中欧洲51个、美洲35个、大洋洲14个、亚洲39个、非洲54个。总体来说，拉丁美洲、亚洲、非洲通过三波民族解放运动，完全重构了世界政治的版图。

二是苏联解体和中国崛起，这是20世纪中叶以后最大的国际政治变化。苏联作为第一个社会主义国家，自1936年起成为世界第二大经济体，1945年成为第二次世界大战的最主要战胜国之一和联合国安理会常任理事国。"二战"后迎来了美苏争霸的"冷战"时代，但苏联在20世纪50—60年代仍然实现了快速发展，经济最强盛时是在1975年前后，其GDP约为美国的2/3，但它却最终于1991年解体，总共分裂为18个国家，经济情况也大不如前。反观中国自1949年实现民族解放，国家独立，改革开放之后又实现了经济发达、科技和教育的快速进步。

三是以联合国为基础的国际政治秩序的建立。和平是世界文明的一个主题，世界和平是联合国的宗旨，《联合国宪章》第四条指出：凡其他爱好和平之国家，接受本宪章所载之义务，经本组织认为确能并愿意履行该项义务者，得为联合国会员国。不得不说，联合国是当前世界各个领域合作交往的重要基础和平台，比如，联合国教育、科学及文化组织，世界卫生组织，国际海事组织，国际民用航空组织，联合国粮食及农业组织，国际原子能机构，国际货币基金组织，世界银行集团，以及世界旅游组织等都为推动世界经济与社会的发展，为增进人民福祉做出了全方位的贡献。正是联合国的存在，世界才有了相对持久的和平。

回顾本节，我们发现，现代社会与以前的文明产生了本质的不同，我们现在熟知的"民族""国家"等都是现代社会才有的理念，纵观历史，王权、封建、战争、割地、赔款才是现代文明以前的人类文明中最常见的主题词。和平来之不易，第一次国际和平会议于1899年在荷兰海牙召开，通过了《和平解决国际争端公约》，但随后的第一次世界大战打破了这一美好设想。"一战"之后，根据《凡尔赛和约》，"国际联盟"在1919年成立，其宗旨是"促进国际合作和实现世界和平和安全"，但随后的第二次世界大战又打破了这一美好设想。"二战"期间，美国总统富兰克林·罗斯福在1942年1月1日发布了《联合国家宣言》，"联合国"这一名称首次被提出，在1945年成为现实。世界和平实在是来之不易。和平需要两个必要条件：一在于联合，联合在于具备共同的价值理念；二在于建设，建设在于具备持续的经济增长。本书的主题为探讨海洋对人类文明进程的推动作用，在后续章节中将详细介绍。

微信"扫一扫"观看视频

第二节　海军主义与海权论

历史上，海军主义和海权论都是对"英国为什么能够成为世界霸主"这一问题的回答。前者是英国实行的国策，是一种实践性的回答，后者是海洋战略思想家马汉的学术思想，是一种理论性的回答，并最终受到世界各国的高度重视。英国之所以能在几乎所有的具有决定性意义的海洋战争中取胜，最重要的原因就是其拥有强大的海军实力。海军必须具备压倒性优势，是英国成为世界第一强国后长期坚持的首要国策，不仅在舰船数量上要领先，而且在技术上也要领先。

不得不说，英国是世界上第一个将国家的发展重心放在"以经济建设为中心"的国家，亚当·斯密的《国富论》就是英国的国家圣经，它所有的外交和军事，乃至文化和科学实力，都是为本国的经济利益服务的。这是因为亚当·斯密让所有英国人确信，通过劳动分工能够提高生产效率，通过开放的国家市场能够增加国家财富，有了财富和法律的保障，人民自然会道德高尚，生活幸福。这是英国的立国之本。换句话说，就是让每个人都做一个为自己谋福利的理性之人，即理性经济人，这是亚当·斯密经济学的第一原理。这一原理的基石是牛顿的机械主义哲学，牛顿认为，上帝只需要建立自然的法则，此后，上帝不应也不必干涉自然界的一切事务，否则就违背了上帝的完美法则，这就是自然哲学的数学原理所解释的奥秘。与之相对应，亚当·斯密认为国王只需要建立法律，除此之外，国王不应也不必干涉社会中的其他一切事物，因为这个社会上的人都是有理性的，按照法律各行其是，这就是自由资本主义的思想基础。

要让英国的海洋贸易得到最可靠的保证，那就需要取得制海权，让世界的海洋服从英国的法律，这是英国人的国策出发点。因此，制海权历来都是英国外交政策和军事战略的支柱。英国本身是一个岛国，英国国民的祖先是善于航海的诺曼人，对海洋有一种优先的认知，但英国真正重视海军建设是在 16 世纪以后。回顾海军装备的早期历史，最初是人力划桨时代（古代桨帆船时代），一开始是腓尼基人发明的桨帆船，其后是威尼斯人发明的加莱塞战舰，都是主要适应于地中海的海军船只。然后历史进入风帆时代（近代帆船时代），近代帆船时代与古代桨帆船时代最大的区别，是这些近代的帆船在设计之初就是为了在大洋中航行，其舰船主要是依靠风帆的组合带来动力。北欧人发明了寇格船，葡萄牙人发明了卡拉维尔帆船，西班牙人发明了卡瑞克帆船，这些都不是英国人发明的。

英国人的第一次海军技术发明是在伊丽莎白一世女王时代。英国的新教改革造成其与西班牙矛盾加剧，当时的西班牙舰队实力很强，尤其是

"接舷战"技术具有优势，在 1571 年战胜奥斯曼帝国海军的勒班陀海战中更是威名远扬。英国的德雷克等海军将领提出改进英国海军战术，同时制造威力更大、射程更远的火炮，以便敌船未靠近就将它击沉。根据这一战术思想，英国在 1580 年开始建造一种新式大帆船。这种新式帆船具有两大特点：一是船长帆多，提高了船的速度，特别是正横风或顺风时，船速更快；二是船体没入水中的部分较多，从而降低了船的重心，这样就可以装备口径更大的火炮。由此，英国舰队的火炮射程和杀伤力有了很大提高，在 1588 年的海战中击败了西班牙"无敌舰队"。但此时的英国海军总体实力还比较弱小，这种海军帆船总体来说是带有劫掠船性质的，在摆开阵势的对抗中没有优势，因此在与西班牙和荷兰的海洋战斗中，胜利还是一种侥幸。

直到 1649 年，英国才走上海军专业化的发展道路，成立了专门的海军机构，建立了一支常备的海军舰队。首先，英国海军的战列线战术达到了世界领先水平。1653 年，英国海军统帅布莱克正式颁布了海军发展史上的两个历史性文件，一是《航行中舰队良好队形教范》，二是《战斗中舰队良好队形教范》。《航行中舰队良好队形教范》明确规定：舰长在航行和逆风时，不得随意抢占有利的顺风位置，而应保持队形并遵从上级指挥；一名舰长决不能抢风到中队长官的面前。《战斗中舰队良好队形教范》首次明确确立了战列线战术的地位，并说明了保持一线队列的各种战斗行动；一旦进入全面进攻，各分舰队应该立即尽可能地运用最有利的优势与邻近的敌人作战；各分舰队的所有舰船都必须尽力与其分队长保持一线队列前进。

在 1653 年 6 月的英荷海战中，双方各有战舰 100 艘，英国采取战列线战术，使荷兰付出了高昂的代价，荷兰海军战败，损失 19 艘战舰，英国海军由此逐步夺取了北海的控制权。

海军是一个耗钱的军种。无论是造军舰、建码头、招募水兵、培养军官还是采购装备、供应给养、维护修理等，都需要大笔的资金。随着经济贸易的中心从地中海转移到大西洋，特别是英国开拓殖民地三角贸易之后，控制了海洋就控制了贸易，争夺海上贸易的经济利益必须具备强大的海军支撑，因此海军主义成了英国的国策。

这一时期的海军具备五个特点。一是船的特点。风帆战舰的发展趋势是船身越来越高，出现多层甲板，船上桅杆和风帆密布。一艘大型帆船最多可挂36面帆，并且是直帆和横帆相结合，这使得舰船可以通过迂回路线逆风航行。二是人的特点。风帆时代的海军，除舰长外，小型军舰上一般只有一名大副，大型军舰上由于水兵和部门众多，会分为航海大副和枪炮大副两个岗位。三是火炮和弹药的特点。海军主要使用青铜或生铁铸成的前装滑膛炮，基本分为穿透力较强、射程较远的舰炮和射程较近但破坏力很大的臼炮。弹药主要有三种：用于破坏敌方船体的实心弹；用于杀伤敌方人员的霰弹，也就是常说的"开花弹"；用于破坏敌方船只的桅杆使其失去活动能力以便俘获的链弹。四是战术特点，就是战列线战术，即由战舰组成的直线队形。进行海战时，交战双方舰队各自排成单列纵队进入作战区域，达到射程之后进行炮火对射。五是战斗方位的特点。由于风帆时代主要依靠风，而海风几乎每时每刻都有，风向选择就成为一国海军必须研究的重点问题，通常又分为上风战术和下风战术。占据上风的船只，在进攻中处于优势，能随意投入战斗和撤出战斗，也能在选择攻击方法时游刃有余，形成有利的进攻态势。但如果自身的协调性较差和指挥不当，舰队就很容易走散队形，暴露在敌军以逸待劳的炮火之下。占据下风的舰船，几乎无法主动进攻，其战斗形势处于防御态势，需要依靠应对敌军的意图来进行战斗。但若能镇定自若，以逸待劳，保持良好的战斗队形，并且能在敌人因为机动而无法还击的情况下持续不断地对其进行舰炮攻击，就可以克服风向不利条件。英军在海军战术中着力发展了进攻战术，喜欢占领上风位置，在面对敌人时总是力争率先出击，消灭敌人；而法国人通常习惯于占领下风位置，以逸待劳。

舰队的关键战斗力在于军官团，他们是军舰上的"统治阶层"，是整条军舰的精神支柱。舰长是一艘军舰上的灵魂人物，是"金字塔"形指挥结构的顶端，具有至高无上的权威，舰长的命令不可违抗。即便是官阶比舰长还高的军官，只要踏上这条军舰的甲板，住什么舱室、配多少人伺候，也得客随主便地听从舰长的安排；舰长可以不会操纵战舰，但必须知道要把这条战舰领向何处，某种程度上说，一船人的性命和荣辱都系在舰长一个人的一念之间。让军舰安全地出海，再把军舰安全地带回母港是舰长的必修课，即便军舰行将不保，舰长下达弃舰的命令，也要在确保其他人都活着离舰后，自己才能离舰。这是舰长的责任。

风帆时代一直持续到 1820 年，英国海军规模此时遥遥领先——拥有风帆战舰上千艘，海军官兵近十万人，先后打败了西班牙、荷兰和法国。1805 年 10 月 21 日的特拉法尔加海战是风帆时代海战史上规模最大的海战，英国击败法国巩固了海上霸主地位，法国海军精锐尽丧，从此一蹶不振。

用一些数据来反映英国海军的战绩。从 1793 年到 1805 年间的海军人员死伤对比：在此期间共计发生 6 次大规模海战，英国海军死伤 5 749 人，相比而言，对手死伤 16 313 人，还有 22 657 人被俘。拿破仑时期的英法海军战舰损失对比：从 1793 年到 1815 年，英国损失 17 艘小级别战舰（护卫舰），其中被俘 9 艘；法国海军损失 229 艘。英国总体损失各级战舰 166 艘，其中有 5 艘主力战舰（战列舰）；法国损失 1 201 艘（712 艘是法国人的），其中有 159 艘主力战舰。

可以说，英国从中世纪的一个荒岛小国一跃成为世界霸主，靠的就是海军主义的国策。其中，英国海军的制度设计非常值得关注。正如前文介绍，海军战舰是舰长负责制，如何让舰长有最强的战斗力？英国设计了一套激励制度。首先是收入，完成任务并还在海上活着的舰长可以获得极高的报酬，这与陆军主要依靠掠夺战利品来激励士气的方法明显不同。因此，海军更强调任务的完成，并用工资制度来保证。采用高薪优酬的激励制度能够让舰长始终把目标放在完成军方指定的任务上，而不是分心去想趁机抢劫商船等开小差的事情。其次是监管。英国舰队制定了详细的海战条例，包括战舰战斗编队规范、作战指南、军官的不连续提升制度，舰船返回后，还有请船上官兵对舰长行为进行评价报告的制度。

18 世纪末第一次工业革命之后，就有发明家开始设想将蒸汽动力用于船舶的航行。美国工程师富尔顿在 1807 年发明制造了一艘新式蒸汽轮船，名字叫"克莱蒙特"号。这条船长 45 米、宽 4 米，吃水深度 6 米，是一艘细长的木板船，船上安装了一台当时最好的瓦特蒸汽机。该船用 32 小时航行了 240 千米（普通帆船航行需要四天四夜），首次试航取得成功。"克莱蒙特"号试航成功，揭示了船舶发展史即将进入一个新的时代——蒸汽轮船将取代帆船，机器将代替人力和风力的时代。

1836 年，英国造船工程师发明了螺旋桨，将其装在船尾并和蒸汽机联在一起，可代替富尔顿的明轮设计。这种轮船的螺旋桨在风浪中不会露出水面，推进效率更高。

1853 年，奥斯曼帝国与沙皇俄国因巴尔干地区的问题爆发了战争（第九次俄土战争），俄军使用了新式爆破性弹药，这类弹药对传统木制帆船具有毁灭性的杀伤力，这使得奥斯曼帝国海军大败。1859 年，法国的"光荣"号（La Gloire）战舰下水，这艘船的外观设计与传统风帆战船几乎一样，但其整个船体都用 10 厘米厚的锻制钢甲覆盖 60 厘米厚的木制船壳。这就是铁甲舰的创始。

为了对抗法国，英国海军部马上做出重大决定，要造出全铁壳的战舰（见图 4-1）。这就是第一艘铁甲战舰"勇士"号（HMS Warrior），它集成了当时所有最先进的技术，包括蒸汽动力、大口径后膛炮、水密隔舱、螺旋桨推进器和舷侧装甲带等。"勇士"号全长 128 米，排水量 9 284 吨，吃水 8.2 米深，其船体采用锻铁建造，横向分为 92 个水密隔舱。"勇士"号在舰内装备有一台两缸单胀式蒸汽引擎，由 10 台锅炉提供蒸汽，驱动一具直径 7.5 米的螺旋桨运转，其输出功率达到 5 267 马力（1 马力约等于 735 瓦），是当时动力最为强劲的战舰，最高航速可以达到 14.3 节。"勇士"号的武备设计最初是搭载 40 门 68 磅前装滑膛炮，后来在建造过程中，更改为 26 门 68 磅炮，10 门 110 磅后装线膛炮，另有 4 门 40 磅后装线膛炮作为礼炮。"勇士"号的110磅和40磅后膛炮是皇家海军第一次在战舰上装备的后膛火炮，由阿姆斯特朗兵工厂生产，有效射程可达到3 700米（试验结果发现有安全隐患）。"勇士"号在1859年建造并测试完成，1861年正式下水，被认为是一艘划时代的战舰。测试结果表明，"勇士"号的装甲足以抵御当时几乎所有火炮的攻击（船头和船尾除外）。但这艘战舰在设计原型上参照了风帆战舰，所以还是安装了不少风帆，可能连设计者也没有预想到，强大的蒸汽动力很快让使用了2000年的风帆从船上消失。

图4-1　世界上第一艘纯铁锻制的铁甲战舰"勇士"号

1861年，英国海军开始放弃木制风帆战舰的建造和改造，转而专注于铁甲舰的发展。

1863年，年仅33岁的爱德华·里德爵士（Sir Edward Reed）接任了海军部造舰总监的职务，开启了以他的名字命名的海军设计时代。他的设计理念是将战舰的火炮集中安置在舰体的中央位置，这样可以缩短装甲带的长度，增加装甲的厚度，从而提高战舰的火力和防护能力。他认为这样可以应对海军火炮的未来发展趋势，即火炮的尺寸和重量将不断增加，而战舰的排水量将限制其能够搭载的火炮数量。他最著名的作品是"蹂躏"号（HMS Devastation）战舰（见图4-2），这是一艘1869年开始建造，1873年服役的铁甲舰，它在动力方面得到了流体力学专家和舰船设计师威廉·弗劳德（William Froude）的指导，采用了双轴推进系统，以降低吃水深度，增加稳定性。"蹂躏"号的水线长度为86.87米（总长93.57米），宽度为18.97米，吃水深度为8.03米，排水量为9 330吨。它使用了一台双缸直连式蒸汽机，由8台锅炉提供动力，驱动两个螺旋桨，最大航速为13.8节。它携带了1 780吨煤，以10节的航速可以航行5 000海里，足以跨越大西洋。"蹂躏"号战舰是军舰发展史上的一个重要里程碑，它是历史上第一艘完全不使用帆桅索具的大型战舰，完全依靠蒸汽动力进行航行和机动。它的出现使得"勇士"号等早期铁甲舰基本退役，显示了1860年之后海军战舰制造的突变阶段。"蹂躏"号战舰常被认为是现代战列舰的先驱。

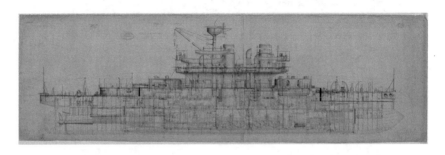

图4-2　世界上第一艘无风帆战列舰"蹂躏"号

1879年服役的"无畏"号（HMS Dreadnought）铁甲战舰，其设计来源于"蹂躏"号，但性能更为均衡，是最后一艘采用全面防护理念、真正拥有完整水线装甲带和装甲防御系统几乎覆盖全舰的铁甲舰，也是英国海军第一艘采用三胀式蒸汽机的战舰。1889年，英国"君权"级战列舰的首舰"君权"号开始建造，排水量达到14 150吨，双联主炮塔的布局为前后各一座，拥有4门343毫米口径主炮，10门6英寸（152.4毫米）口径副炮，舷侧主装甲带最厚处达457毫米，已经具有现代主力战舰——战列舰的性质，海军装备完全进入了大炮巨舰时代。

因此，我们可以看到，英国海军主义的国策使得英国海军一直处于世界领先地位。尤其是在进入竞争激烈的工业革命时代以后，金属外壳、蒸汽动力、发射爆破弹的铁甲舰大行其道，英国更是致力于保持海军实力处于优势，从"勇士"号到"蹂躏"号，再到"君权"号，均成为铁甲战舰时代的典范，整体设计思想后来为各国所效仿。

1890 年至 1905 年间，杰出的美国军事理论家马汉完成了"海权论"三部曲（《海权对历史的影响（1660—1783 年)》《海权对法国大革命及帝国的影响（1793—1812 年)》和《海权与 1812 年战争的关系》），他对海军主义进行了理论研究，首次系统性地提出了海权论思想，即海上主导权的优势对于主宰国家乃至世界命运都会起到决定性作用。

马汉认为，海权包括海上军事力量和非军事力量，前者包括所拥有的舰队、海军基地、港口等各种设施，后者包括以海外贸易为核心的经济能力。两者之和就是海权，是一国在海洋上的综合实力。海权是凭借海洋或者通过海洋能够使一个民族成为伟大民族的最为重要的原因。他的理论框架主要包括以下四点：

（1）海权与国家兴衰休戚与共。夺取制海权和打赢海上战争是国家间对抗取胜的关键，同时，建立和发展强大的海上力量能够促使国家经济的繁荣和财富的积累。因此，夺取制海权才可以实现成为国际强国的目标。

（2）影响海权的主要因素有六个方面：①地理位置。例如，英国这样的岛国将国家发展的主要目标指向海洋，具有最明确的向海洋发展的战略定位。②自然结构。致力于发展海权的国家，必须拥有漫长的海岸线，要有许多能够得到保护的深水港湾以及深入内地的大河等条件。③领土范围。国家发展海上力量必须要有一定面积的领土作为依托，领土的大小要与国家人口的数量、资源及其分布状况相称。④人口数量。人口以从事海洋事业的人员为主，可以为海军的发展提供充足的兵员。⑤民族特点。海军强国的人民一定要渴求物质利益，追求国内外有利可图的商业往来。⑥政府性质。政府要具有海洋意识且对海军重视，政策上具有连续性。

（3）海权与陆权之间的关系。海权与陆权既相互制约又相互依存，但没有海洋依托的陆权无法保证长久优势。

（4）海权的运用必须追求"战争原理"。例如，集中优势兵力的原则、切断敌人交通线原则、舰队决战原则和中央位置原则等。

总之，马汉经过理论提炼，提出了"海权"构成的三大组成要素：海军舰队、商船队和遍布世界的殖民地，而海军就是为一个国家的商业利益服务的压舱石。马汉的海权论思想引起了当时世界列强的高度重视。西奥多·罗斯福在 1901 年当选美国总统后，迅速主导美国实施扩张型的外交政策：①美国控制巴拿马运河建造以打通大西洋与太平洋的联络；②美国投入更多的经济资源建设新型海军；③美国更多地介入国际外交，在对中国问题上，美国将《辛丑条约》的庚子赔款用于培养中国学生留学美国。由此，"海权论"成为美国海上力量崛起的基石，也成为美国称霸世界的行动纲领。

马汉与美国海军的发展

马汉出生于美国西点军校的教授楼里，19 岁（1859 年）时以第二名成绩毕业于美国海军学院，毕业后在海军服役，但并未取得好的业绩，45 岁以后他终止了现役生涯返回海军学院任教授，并在 1886—1893 年期间担任过四年多美国海军学院院长，马汉的海权论著作素材主要来自他的授课讲义。美国海军学院是美国海军舰队军官的摇篮，创立于 1845 年，学院的格言是"三叉戟是用知识铸造的"（ex scientia tridens）。海军的发展几乎是所有工业革命知识和技术的综合：爆炸弹、速射炮、舰体钢材、鱼雷、蒸汽动力、流体力学、炮塔与发动机构造等。

本书在这里也回顾一下中国的海军战力。明朝中期的嘉靖二十七年（1548 年）浙江巡抚朱纨曾率 6 000 余水兵、380 艘战船，进攻葡萄牙人盘踞的双屿港，击沉葡军 35 艘小艇、42 艘战船，完全摧毁了葡萄牙人及国际走私团伙建立的双屿港贸易基地。明嘉靖四十一年（1562 年）南直隶总督胡宗宪辑著《筹海图编》（十三卷），有针对倭寇及海盗的详细海防研

究，胡宗宪、戚继光和俞大猷等将领在十年平定倭乱的过程中打赢了不少近海海战。其后，郑成功在 1662 年从荷兰人手中收复台湾。虽说这些海战还算不上是真正的两国交兵，但基本可以认为，葡萄牙和荷兰在海上称雄时期，中国海军有很强的防御能力，故而保得中国大陆海岸线未受侵犯。但清朝后期，中国的海军没有实现技术进步，直到洋务运动时才开始海军自强计划。这里看一下中日甲午战争的双方海军实力对比（见表 4－2），中国的海军实力在 1890 年的时候领先于日本，但到 1894 年时已经落后于日本，包括主力战舰数、总排水量、火药、船速等关键参数。因此，甲午战争的结局就是源于双方实力的差距。也许有人会说，中日甲午战争早五年爆发，中国有可能会取得胜利，但这只能说是事后诸葛亮了。在海上扳手腕，实力是关键。但另一方面，19 世纪末那种尽一切可能寻找国家利益的战略虽已被当时有头脑的国人所认知，但整个政权完全缺失主动作为的可能性，甚至在被动防御体系下，连制定假想敌进攻作战的详细预案都没有。

表 4－2　甲午战争前夕中日两国及欧洲海军实力对比

	中国	日本	欧洲
时间	1865 年后开始自强运动	1868 年后开始明治维新	1860 年第二次工业革命
政治背景	中学为体，西学为用	1890 年颁布宪法	帝国主义、海权主义，英法造舰竞赛
海军	1885 年总理海军事务衙门成立；1888 年北洋水师成立	1872 年成立海军省	英法等国海军军政部门实力强大
舰船	1891 年后北洋水师未增添战舰	1885 年提出十年扩军计划	欧洲迎来战舰革命时代（蒸汽动力、新型火炮、铁甲舰、鱼雷）
至 1890 年	2 000 吨位以上的战舰有 7 艘，总吨位 27 000 余吨；北洋水师规模号称"亚洲第一"	2 000 吨位以上的战舰有 5 艘，总吨位 17 000 余吨	英国提出"1 > 2 + 3"战略

	中国	日本	欧洲
至 1894 年	主力军舰 25 艘，辅助军舰 50 艘，总排水量 44 226 吨；甲午战争时主力舰 12 艘	军舰 32 艘、鱼雷艇 24 艘，总排水量 72 000 吨；甲午战争时主力舰 11 艘	1880 年英国首创重装战列舰"蹂躏"号；德国开发克虏伯大炮
火药	传统黑火药	日本下濑火药（1891 年发明，1893 年小规模应用）	1887 年法国火药革命
航速	平均航速 15 节	平均航速 18 节	欧洲战舰的航速领先中日
学校	1866 年创办福州船政学堂；1880 年创办北洋水师学堂	1876 年创办海军兵学校	欧洲海军学校战术领先中日
情报	无	1884 年海军军事部成立	欧洲情报机构实力强于中日

马汉的海权学说对欧洲各国也产生了重大影响。英国海军始终主张"攻击至上"，因此设计出了全新的进攻型战舰。一种全新设计的"无畏"号战列舰在 1906 年开始服役（英国海军舰船名称会出现重复的情况，这艘战列舰的设计是革命性的，所以通常所指的"无畏"号就是指这艘战舰，HMS Dreadnought 1906），该舰的出现意味着海军战舰发展又进入了一个全新的时代：现代战列舰时代。就这样，铁甲舰时代经过 50 年的历程之后被翻过去了，因为 1906 年服役的"无畏"号具有很强的革命性，因此，在此之前的战舰时代又称为"前无畏舰（pre-dreadnought）时代"。

这就是文明的进程，它并非匀速，总有突然的革命开启一个崭新的时代，这就是量变引起质变的辩证关系。现代文明的进程总是揭示：海洋科技的进步对于文明进程意义十分重大且深远。

1906 年的"无畏"号有哪些特点？首先，"无畏"号采用全重型火炮（All-Big-Gun），取消了以往战列舰的艏部水下撞角，放弃了前无畏舰时代中等口径的火炮的设计，采用 10 门型号统一、弹道性能一致的 12 英寸

（305 毫米）口径的重型主炮。它是世界上第一艘采用统一型号主炮的战列舰。其次，"无畏"号采用蒸汽涡轮机驱动，使用 4 台帕森斯蒸汽轮机机组，相对于旧式的往复式蒸汽机组功率更大，可靠性高；功率 22 500 马力（1 马力约合 735 瓦），最大航速提高到 21 节，比以前的任何战列舰都要快，可长时间保持高速航行并具有良好的可靠性。它是世界上第一艘采用蒸汽轮机驱动的战列舰。第三，"无畏"号装甲总重量约 5 000 吨，满载排水量达 21 840 吨。它是世界上第一艘排水量超过 2 万吨的战列舰。

1906 年的"无畏"号作为一艘划时代的战舰，机动性和火力都有了质的飞跃，战斗力成倍提升，是第一艘真正意义上的现代化战列舰。相对于铁甲舰来说，根本区别是"无畏"号拥有封闭的、统一口径的回旋主炮塔和新式涡轮发动机。

自此，世界各海军强国都开始了新型"无畏"舰（即战列舰）的建造，据统计全世界共有 150 艘之多。其中，德国自 1871 年正式成为现代国家之后，一直发愤图强，特别是因率先进入第二次工业革命而使国力与日俱增。1908 年，德国帝国议会通过法案决定，到 1911 年为止每年新建 4 艘战列舰和 1 艘战列巡洋舰。作为回应，英国海军部 1909 年的造舰计划在 2 艘战列舰和 2 艘战列巡洋舰的基础上追加了 4 艘战列舰。英国宣称，德国每额外建造 1 艘主力舰，英国就将造 2 艘作为回应。海军大臣丘吉尔极力主张英国海军必须保持技术优势，加强技术革新，如将航速提高到 25 节，大炮口径提高到 380 毫米，发动机改用燃油动力的内燃机。为了配合更远的舰炮射程，战列舰的舰桥开始逐渐升高，形成现代战列舰的舰桥结构；为了更好地观测远程射击弹着点，水上飞机也开始成为战列舰"标配"。

就这样，在"你死我活"的竞争中，第一次世界大战爆发了。其中，具有决定性影响的海洋战役是 1916 年在北海海域爆发的日德兰海战，它是蒸汽动力战列舰第一次大规模海战。英军出动包括 28 艘战列舰和 9 艘战列巡洋舰在内的 151 艘战舰，德军出动了包括 16 艘战列舰、6 艘"前无畏舰"和 5 艘战列巡洋舰在内的 100 艘战舰。交战结果是德军损失 11 艘主力舰，英军损失 14 艘主力舰。虽然从损失数量上看，德军还略占优势，但从保存的实力上看，德国海军从此再无正面对抗英国海军的能力了。事实上，这次海战之后，德国的海上物资运输就被英军牢牢地卡死了。

"一战"之后，世界形成了短暂的和平，但到 1936 年，随着限制各国海军扩张的《华盛顿海军条约》期满作废，世界各国重新开始建造强大的战列舰：英国建造了"乔治五世国王"级战列舰，美国海军建造了"依阿华"级战列舰，意大利海军建造了"维内托"级战列舰，法国海军建造了"黎塞留"级战列舰，德国海军建造了"俾斯麦"级战列舰，而日本则建成了世界上最大的"大和级"战列舰。

同时，一种新型军舰——航空母舰——也开始出现。英国是世界上第一个发展航空母舰的国家。1917 年 7 月，英国开始建造世界上第一艘航空母舰（1923 年服役）。日本是世界上第二个建造航空母舰并第一个将其服役的国家（1920 年建造，1922 年服役）。美国则独辟蹊径，将货运船改造为航空母舰，并于 1922 年服役。随着航空母舰的兴起，在第二次世界大战的决定性海战中，航空母舰的舰载机对战列舰具有致命的打击作用，战列舰时代就这样结束了。而航空母舰成为世界海洋强国的标配，其他相关的主要舰艇还包括巡洋舰、驱逐舰和护卫舰。

战列舰从外观上还具有一种"强权决斗"的象征意义。从这点来看，战列舰的退出代表着"你死我活"的强权争霸时代的结束。

在本节结尾，我们再来看一下马汉的影响。美国总统西奥多·罗斯福称赞马汉是"美国生活中最伟大、最有影响力的人物之一"。1914 年，马汉去世时，《伦敦标准晚报》这样说道："阿尔弗雷德·马汉上将无疑是海军史和战争史上最伟大的权威，所有海军管理人员和军官都深度研习他的著作和教学，在未来很多年内都将如此。"①

① 《伦敦标准晚报》1914 年 12 月 2 日周三第 7 版面。原文："Admiral Mahan was undoubtedly the greatest authority on naval history and warfare, an expert whose writings and teachings have been deeply studied—and will be so for many years to come—by all naval administrator and officers."（作者译）

当然，如果仔细阅读马汉的著作，也可以看到他的欧洲人优越主义、强权主义，以及尽量争夺殖民地利益的思想，尤其是 20 世纪上半叶的两次世界大战，可以说是自由资本主义理论的破产。当每个国家都企图争夺最大化的利益时，特别是都准备依靠武力来保证这种所谓的正当利益时，兵戎相见就是最后的结局，因为自由资本主义的国际法根基本身就是以战争为"正当合法"路径的。例如，19 世纪的国际法专家惠顿所写的《万国公法》突出宣扬殖民主义，鼓吹西方资本主义国家对其他"弱小国家"具有保护国地位。自由资本主义的源头是殖民主义导致的贸易不平等所带来的利益，这种利益靠强权取得，也靠强权保护。强权思想也是马汉海权论思想的立论出发点。但从战略上来说，马汉的理论对于从海军主义上升到海洋国力综合优势的发展思想仍然具有很强的借鉴意义，特别是他对海洋地理战略要地的分析、对海洋国民性格的升华，以及对海洋科技综合应用的阐发，这些都是具有创造性的重要成果，是国际海洋战略的第一次系统性思考总结。

微信"扫一扫"
观看视频

因此，在思考海权论思想的时候，必须看到世界未来的发展逻辑，以便吸收其思想精华，从而发展出更具有正义说服力的新海权论。

第三节　殖民主义终结与海洋贸易兴盛

本书曾经讲到欧洲早期兴起的一个重要原因是依靠殖民主义和三角贸易。但随着殖民地经济发展之后，居于殖民地的那些宗主国的移民首先对殖民政策开始不满，因为殖民政策的宗旨主要是为其宗主国增加国家的财政收入，这种矛盾在上一章分析美国独立战争的原因时已经指出。因此，这种宗主国与殖民地之间的不平等现象，必然导致社会矛盾的与日俱增和社会反抗——哪里有压迫，哪里就有反抗，这是一种历史规律。殖民主义的终结，它的起点就是美国的独立战争，其后，这种大趋势延续了将近200 年，至 20 世纪 60 年代非洲独立运动取得全面胜利而告终结。

自美国独立和法国大革命之后，各国的民族自由独立精神开始不断高涨。

首先是拉丁美洲独立运动的爆发。欧洲的一个重大历史转变是在拿破仑时期。拿破仑是一位卓越的军事家，但他可能并不是一位卓越的国际政治家，他的错误在于认为自己的理念先进，其他国家就应该接受。拿破仑确实具有先进的理念，由于当时的法国启蒙运动思想家伏尔泰、狄德罗、卢梭等带来了先进的思想文化，使得法国在国家理念方面领先。拿破仑从1799 年发动"雾月政变"，解除雅各宾派过激主义者的权力并取得领导权开始，就制定《拿破仑法典》。这部法典是资本主义国家最早的一部民法法典，破除了封建的立法原则，成为今后欧美各国资产阶级的立法规范。但拿破仑随后的四处征伐也引起了周边国家的恐惧，这些国家于是联合起来对抗他的统治。俄国、英国、奥地利、普鲁士数次建立反法同盟，直至1815 年的滑铁卢战役使得拿破仑将欧洲整体转变为资产阶级制度的梦想破灭。正是在此期间，由于反法联盟死死地盯着拿破仑，拿破仑政府无法兼顾拉丁美洲的政局波澜，拉丁美洲各国开始了独立运动。

拉丁美洲的独立运动起源于加勒比海的岛国海地。1791 年，海地人民趁其宗主国法国爆发大革命之际举行大规模起义，赶走了殖民者，并逐步控制了整个海地岛的局势。1801 年，海地整个岛屿得到解放。1802 年，拿破仑派出 2 万远征军前去海地镇压。但海地人民奋起保卫祖国，经过 2 年激战，全歼法军。1804 年 1 月 1 日，海地正式宣布独立，拉丁美洲第一个独立国家诞生了。

1808 年，拿破仑迫使波旁王朝让出王位，立其兄约瑟夫·波拿巴为西班牙国王，这是一个重大的历史事件，因为在 1700 年西班牙王位由法国国王路易十四的孙子费利佩五世继承，因此费利佩五世成为西班牙波旁王朝的第一位国王。此后的 100 年，西班牙都与法国紧密地站在同一条战壕里。

但法国大革命之后，西班牙的立场就开始发生变化，而当拿破仑废除西班牙波旁王朝后，西班牙的贵族们就开始反抗，首先是在西班牙境内的反抗运动，史称"法西战争"。这场战争也波及西班牙的拉丁美洲殖民地。1810 年开始，北起墨西哥，南到阿根廷，整个拉丁美洲都燃起了独立战争的烽火，主要的战场有三个，即墨西哥、委内瑞拉和智利。

墨西哥的独立战争由传教士伊达尔哥领导，直到 1821 年墨西哥正式宣告独立。在墨西哥的革命影响下，中美洲其他一些地区纷纷宣布独立，并在 1823 年成立"中美洲联合省"。

委内瑞拉的独立战争由玻利瓦尔（1783—1830 年）领导。玻利瓦尔领导军队历经起伏，在 1819 年 12 月宣告成立大哥伦比亚共和国（1830 年又分为委内瑞拉、新格拉纳达和基多），玻利瓦尔被选为这个共和国的总统和最高统帅。玻利瓦尔最终从西班牙殖民统治中解放了哥伦比亚、委内瑞拉、厄瓜多尔、巴拿马和玻利维亚，被称为"南美洲的解放者"和"委内瑞拉国父"。

智利的独立战争由圣马丁（1778—1850 年）领导。1816 年阿根廷宣告独立，1818 年智利宣告独立，1821 年 7 月 28 日秘鲁宣告独立。

玻利瓦尔和圣马丁是公认的 19 世纪解放南美大陆的英雄人物，是拉丁美洲独立战争的先驱和主要领导者。在此期间，1822 年，巴西也脱离葡萄牙统治而独立。至 1830 年，整个拉丁美洲已经全部成为独立国家。

拿破仑在 1815 年垮台，其后西班牙恢复了原来的皇室（波旁王朝）统治，但为何拉丁美洲的独立运动没有停下来？原因是在西班牙反抗拿破仑统治期间，大西洋两岸的西班牙人从西班牙和美洲聚集到西班牙的滨海城市加的斯，制定了一部确定主权民主、限制绝对君主王权的宪法——《1812 年宪法》（也称《加的斯宪法》），但重新上台的西班牙国王不愿意遵守这部宪法，因此，拉丁美洲的独立运动就毫无退缩地继续开展下去了。玻利瓦尔就是《1812 年宪法》的起草人之一，他的青铜雕像至今还矗立在加的斯的街头。

拉丁美洲独立战争可以说是殖民地独立的第一波浪潮，第二波浪潮是在第二次世界大战之后的亚洲，第三波浪潮出现在非洲。由于很多的殖民地地处传统的海洋贸易要道上，因此在殖民时代终结之后，原来的海洋贸易变得更加兴盛起来。

海洋贸易相对于陆地贸易来说，具有很多独特的优势：首先，世界经济强国大多都有重要的海洋港口，通过海洋运输的货物运输量占全部国际货物运输量的80%以上；其次，海洋贸易主要借助于海洋天然的航道，不受道路、轨道的限制，货物运输的能力比陆地运输更强；第三，随着现代化的造船技术的发展，船舶大型化发展很快，超巨型油轮已达60多万吨，第五代集装箱船的载箱能力已超过5 000标准箱；第四，海洋运输的成本较低，由于航道的天然性，港口设施一般为政府所建，因此，经营海运业务的公司可以大量节省用于基础设施的投资。以上的优势使得海洋贸易成为国际物资交换的最重要渠道，尤其是大宗货物的运输几乎全部依赖海运。

中国改革开放之后，大力发展港口建设，海运成为"中国制造"产品国际化的重要支撑。2023年，中国的港口已经占世界十大集装箱港口中的7个（按2022年全球港口集装箱吞吐量进行排名：上海港、新加坡港、宁波舟山港、深圳港、青岛港、广州港、釜山港、天津港、香港港、鹿特丹港）①。如果我们把范围再扩大一点，看看全球排名前100位的港口分布，会发现进入全球100大集装箱港口榜单的中国港口共有27个，而且东亚国家成为全球规模最大的港口聚集区，中国、新加坡、韩国等国都拥有超大规模的港口。

什么样的海洋贸易才可以使国家富裕起来？

非洲大陆的国际贸易几乎90%依靠海运，因此，非洲沿海国家也一直在发展港口建设。例如，非洲东部沿海的肯尼亚有蒙巴萨港，集装箱吞吐

① 劳氏日报（Lloyd's List）发布的2023年全球100大集装箱港口排名（网址：https://lloydslist.com/one-hundred-container-ports-2023）。

量在 2021 年为 143.5 万标准箱①，是非洲东部最大的港口；还准备建设新的拉穆港用于运输乌干达和南苏丹的石油；坦桑尼亚有达累斯萨拉姆（坦桑尼亚原首都）港和巴加莫约港口，正在打造东非门户港口；非洲西海岸的喀麦隆有杜阿拉港，以及新建成的克里比港；加蓬有奥文多港和让蒂尔港；多哥拥有西非地区天然深水良港——洛美港，主要用于石油出口交易；非洲南部海岸有南非的德班港、开普敦港。但由于历史政治原因和自然海洋地理条件，非洲的深水港数量很少。另外，非洲港口的效率较低。根据世界银行发布的第三版全球集装箱港口绩效指数（CPPI 2022，该指数是根据从船舶到达港口到完成货物交换并离开泊位的时间来衡量港口运营效率的），对全球 348 个集装箱港口进行了排名，其中非洲港口的排名范围是从第 144 位到第 348 位，平均排名为第 269 位，普遍低于全球平均水平。

正是因为非洲海洋港口的自然条件较差，其海洋贸易的发展速度相对于亚洲来说慢很多。亚洲的中国、新加坡、韩国和日本具有很好的深水港条件，特别是对于"二战"之后才逐渐发展起来的中国、韩国和新加坡来说，深水港口是经济发展最为重要的条件之一。我国香港企业家包玉刚先生在 1984 年首次回内地的时候就预言，未来的宁波港将成为世界上最大的港口之一。能有这样的眼光，首先是因为包玉刚先生本人就出生在宁波，熟悉宁波的自然海洋条件，更是因为他作为当时的世界船王能够洞察世界经济发展的趋势和国际海洋贸易的优势。

宁波舟山港在 2015 年 9 月实现了一体化的运营，从而提高了效率和竞争力。宁波舟山港是一个由 19 个港区构成的大型港口组合体，是天然的深水良港。它的港区包括北仑、洋山、六横、衢山、穿山等，拥有 620 多个生产泊位，其中近 200 个是万吨级以上的大型泊位，115 个是 5 万吨级以上的大型、特大型深水泊位。它的集装箱航线覆盖了全球各大洲，有近

---

① 蒙巴萨港的集装箱吞吐量数据（网址：https://www.ceicdata.com/en/kenya/sea-transport-port-and-shipping/sea-transport-mombasa-port-containers）。

300 条航线连接着 200 多个国家和地区的 600 多个港口。宁波舟山港在 2022 年创造了 12.6 亿吨的货物吞吐量，集装箱吞吐量也超过 3 335 万标准箱，位居世界第三位①。

包玉刚先生当时还认为，当一个港口带动经济发展之后，人才是最为宝贵的资源，所以他出资创办了宁波大学。包玉刚先生的卓越远见和他长期从事海洋贸易有重要的联系，海洋贸易也是塑造一座城市开放性的重要条件。今天，我们更能够体会到邓小平同志提出沿海开放政策的远见卓识。

新加坡港的发展可以称为一个世界奇迹。新加坡在 1965 年"被迫"独立（新加坡是被马来西亚通过投票的方式合法"开除"的），国土面积仅有 733.2 平方千米，是一个袖珍国家，但经过 50 余年的高速发展，早已成为发达国家，人均 GDP 超过 6.5 万美元（2019 年数据），名列 2019 年全球可持续竞争力榜单第一位。新加坡的发展是下对了四步棋：第一步是依托港口建立裕廊工业区，重点通过引进外资发展石油化工产业；第二步是发挥地处马六甲黄金水道枢纽港的优势，使得新加坡港处于国际领先水平；第三步是大力发展金融业，使得新加坡成为继伦敦、纽约、香港之后的第四大国际金融中心；第四步是积极发展高等教育，使得新加坡国立大学和新加坡南洋理工大学成为亚洲名列前茅的大学，优质的人才使得新加坡成为一个创新型国家。

最后再来说一下拉丁美洲。拉丁美洲独立之后，经济也出现了快速发展，在 1870—1914 年间，拉丁美洲的经济增长速度和北美洲相当，特别是在 1880 年后，随着世界市场的第一次大繁荣，拉丁美洲进入了一个快速增长期，被称作"美好年代"（西班牙语为"La bella epoca"）。这一时期的拉丁美洲凭借原材料出口量的剧增获得了强劲的经济增长，其中最为成功的国家是阿根廷，取得了超越西欧平均水准的经济成就。在 1914—1950 年

---

① 网址：nbport. com. cn/gfww/gsjs/gkgk2。

间，拉丁美洲和苏联是全世界能够凭借快速的经济增长和美国持平的地区。但是，在20世纪50年代之后，拉丁美洲的经济出现了发展相对停滞的状态，特别是在70年代的两次石油危机和1983年的债务危机之后，其进口替代工业化已经彻底破产。这种经济的停滞导致拉丁美洲没有能够跨过"中等收入陷阱"进入发达国家行列。

拉丁美洲大致有三个方面的问题：一是制度问题，行政效率不高；二是收入分配问题，拉丁美洲的贫富差距很大；三是工业与贸易的问题，拉丁美洲的经济发展主要是通过海洋贸易出口初级农产品和矿产原料。

因此，我们必须深刻地认识到，不是有海洋贸易就可以成为富裕国家的，如果一国的海洋贸易主要是出口初级产品，而进口的却是加工产品，这种以原料换成品的交易在本质上与殖民地时期的三角贸易并无多大的差别，其最终结果必然是无法真正实现富裕。要想实现一国的真正富裕，其核心在于进出口的产品形式上，必须是总体的技术加工在出口产品中的占比比在进口产品中更高，即人类智力的投入更高，那么这个国家才能真正地通过海洋贸易实现富裕。人类智力在产品中的投入程度是转化为剩余价值的真正来源。

国际海洋贸易主要由三个国际组织进行管理，分别是世界贸易组织（WTO）、国际海事组织（IMO）和国际海洋法法庭（ITLOS）。世界贸易组织总部设在瑞士日内瓦，有164个成员国，主要职能是监督及实施市场开放、非歧视和公平贸易等原则，以实现世界贸易自由化，有"经济联合国"之称。国际海事组织总部设在英国伦敦，有175个成员国，主要职能是建立并实施一个监管公平和有效的航运业框架，包括船舶设计、施工、设备、人员配备、操作和处理等方面，保障海洋贸易的海上过程安全和环保。国际海洋法法庭是根据《联合国海洋法公约》（1982年通过，1994年生效）设立的特别法庭，总部设在德国汉堡，法庭管辖国际渔业争端、海洋环境争端以及海洋划界和海上军事争端的判决与调解。

由此可知，随着殖民主义在拉丁美洲、亚洲、非洲的先后终结，民族解放和国家独立的人类文明历史使命已经基本结束，人类幸福和世界和平成为文明进程的重点任务，而海洋贸易正是随着这一新进程的展开而得到了蓬勃发展，并在前述国际三大组织的管理框架下有序进行。人类活动的联合和建设，在海洋贸易这一主题下显示出强大的生机活力。比起通过军事的强制争夺，和平贸易能够创造更大的经济价值和人类福祉。

微信"扫一扫"观看视频

第四节 人类海洋知识的来源

正如前文谈到过的卡蒙斯一样，当时的航海家都已具备了清醒的主体意识和自我表述欲望，一边冒险谋利，一边又将自己的冒险生涯写成报告，他们自认为"许多最杰出的勇士，既用剑创业，也用笔写作"。因此，当时的社会中流传着很多记载各种航行见闻的小册子，包括大量正式出版和未出版的材料，这也得益于 1450 年德国人古登堡发明的西方活字印刷术，出版著作成为一种快速发展的产业。最为突出的人物是英国的理查德·哈克路特（Richard Hakluyt，1552—1616 年）。哈克路特是英国牛津大学的牧师，深受伊丽莎白女王信任。哈克路特觉得提振民族的自信心尤为重要，因为英国人自 1453 年被法国人赶出欧洲大陆之后，长期被欧洲大陆上的人看不起，被认为是一个"懒散成性、贪图安逸"的民族，没有人了解英国人在海洋中的艰苦努力。因此，哈克路特想编纂一部反映英国重大航海探索和发现的大型文献。他以宗教般的虔诚开始搜集各种航海日志，系统阅读用各种文字（包括希腊文、拉丁文、意大利文、西班牙文、葡萄牙文、法文和英文）写成的航海文献，在 1589 年出版了《主要的航海》（*The Principal Navigations, Voyages, Traffiques and Discoveries of the English Nation*，见图 4-3），介绍了英国人自 1500 年以来的 93 次航海记录。这一年正是英国击败西班牙"无敌舰队"后的第二年，哈克路特在这本书里对为英国赢得海战胜利的

民族英雄德雷克的海洋探险进行了详细的介绍（德雷克在 1577 年和 1580
年进行了两次环球航行）。其后，哈克路特又增加了很多内容，在 1598—
1600 年出版了第二版，共分 3 卷，总计 517 个单独的航海叙事，包括"我
们国家最主要的船长、最伟大的商人和最好的水手"篇目，时间跨度长达
1000 年，地域范围包括亚、非、欧、美四个大洲。主要内容是航海日志和
商业报告，以一种客观、实用的文风详细记录了航海区域的气候、经过的
国家、港口、当地的物产和贸易等。

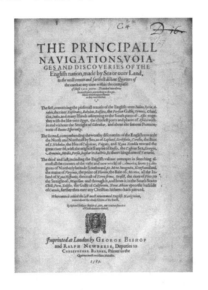

图 4 - 3　1589 年出版的《主要的航海》

　　在哈克路特死后，塞缪尔·珀切斯（Samuel Purchas，也有译为"撒缪
尔·帕切斯"）高价收购了他的未刊文章，自己又获得了更多资料，出版
了四卷对开本的《珀切斯的朝圣》（*Purchas, his Pilgrimage*）。尽管如此，
哈克路特的名字已经成为出版和发表此类游记的公认名词。他的书籍被历
史学家视为不可匹敌的有关英国商业和殖民扩张的原始资料，哈克路特收
录的航海日志表明英国建立了新的全球视野。有学者认为，正是这一巨
著，使得英国完成了一场空间意识的革命，将自身空间意识的着重点真正
地从陆地转向了海洋。

1847 年，此时的英国已经进入全盛期，哈克路特协会（the Hakluyt
Society）成立，专门出版各类第一手航海日记。值得一提的是，哈克路特
在出版他的《主要的航海》时，第一次采用了荷兰地图学家墨卡托（Mer-
cator）在 1569 年发明的新型地图。在这个地图上，琉球群岛、中国的台湾
岛等地方都记录得与现代地图几乎完全一致。因此，哈克路特也被认为是
海洋地理学的创始人。

关于海洋的知识也来源于各国海军相关机构的海洋调查。英国和法国
的海军最早开展海洋调查，主要是观察潮汐和地貌测量，前文提到的库克
船长的 3 次长达 12 年的南太平洋海洋探险，就是受命于英国海军。1807 年，
美国总统托马斯·杰斐逊命令建立了类似的美国海岸调查局。1842 年，美
国海军成立了海图与仪器办公室，开展广泛的海洋测量。1847 年，美国的
退役海军军官马修·莫里（Matthew Maury）编制了第一张北大西洋风向和
洋流的地图；1854 年出版了第一张海洋深度图，最深处达到 7 300 米；
1855 年出版了《关于海洋的物理地理学》（*The Physical Geography of the
Sea*），该著作通常被认为是第一本海洋学教科书。此后，美国航海天文历
编制局的科学家威廉·费雷尔（William Ferrel，1817—1891 年）深入研究
了地球自转对大气和海洋环流的影响，他把科里奥利力应用到大气圈研究
中，提出了著名的"中纬环流"模型；他还采用调和分析方法改进了海洋
潮汐的预测方法，提高了精度，由此在 1882 年发明了潮位预报机器。美国
海军在 1885 年正式采用了费雷尔潮位预报机（见图 4 - 4），并根据他的建
议将潮位仪的观察频率从原来设计的 15 分钟一次改进为 6 分钟一次，这使
得美国的海洋潮汐预测预报领先于世界。费雷尔也因为他的杰出贡献被誉
为"气象学上的牛顿"。

真正的现代海洋科学的开端，公认是英国"挑战者"号考察船于 1872
年开展的环球科考活动（The Challenger Expedition）（见图 4 - 5），"挑战
者"号确定了深海海盆的状况。1872 年 12 月，"挑战者"号出发，完成调
查任务返回的时间是 1876 年 5 月，航程 12.7 万千米，首席指挥是 C. 威维

图 4 - 4　美国费雷尔潮位预报机（1885 年）

图 4 - 5　1872 年"挑战者"号海洋考察船的油画

尔·汤姆森（C. Wyville Thomson），副指挥是约翰·默里（John Murray），
两位都是海洋生物学家。"挑战者"号为三桅蒸汽动力帆船，船长 68. 9
米，排水量为 2 300 吨，由皇家海军军舰改装而成，共有 243 名船员、6 个
考察科学家组织随船参加科考活动。这是首次覆盖全球海洋（北冰洋除
外）以及深海的综合性海洋科学考察，设置了 362 个测量站位、492 个深
海声学测量站以及 133 个深海拖网站，采集了大量海洋动植物标本和海水、

海底底质样品；发现了 715 个新属及 4 717 个海洋生物新种；发现深海（3 500 米以下）的海水底部温度基本处于恒温，北大西洋为 2.5 ℃，北太平洋为 2 ℃；编制了第一幅世界大洋沉积物分布图，并发现海底沉积物中有大量的红色黏土以及微型海洋生物黏性沉积物；精确绘制了表层海水主要洋流海图，许多海洋岛屿的

微信"扫一扫"
观看视频

精确地理位置得到了确定；德国化学家威廉·迪特迈（William Dittmar）对 77 个站位的深海海水样品进行了 7 种化学元素（包括钠、钙、镁、钾、氯、溴、硫酸根）含量的检测，竟然发现所有元素在所有样品中的百分比几乎全部一致，由此得出了海洋化学的一个根本规律：深海海水主要成分比值的恒定性原则，并测得了调查区域的地磁和水深情况。这些调查获得的全部资料和样品，经 76 位科学家长达 23 年的整理分析和悉心研究，最后写出了 50 卷计 2.95 万页的调查报告，奠定了物理海洋学、海洋化学、海洋生物学和海洋地质学的科学基础。

　　随着 19 世纪下半叶海洋相关知识的积累越来越多，关于海洋认知的需求也越来越大，这时候就迫切需要建立专门的海洋研究机构和出版专业的科学著作。

　　法国在 1872 年设立了罗斯科夫海洋生物研究所（Station Biologique de Roscoff），是世界上最早的海洋生物研究所。英国则在 1888 年成立了海洋生物协会（Marine Biological Association，简称 MBA），是英国最早的海洋生物全领域专门研究机构；意大利于 1874 年在那不勒斯建立了动物实验站，其中设有世界第一个海产动物水族馆。美国在 1888 年成立了海洋生物学实验室（Marine Biological Laboratory，简称 MBL）。日本也在 1887 年设立了海洋临海实验站，机构附属于东京帝国大学理学院。1905 年，美国在加利福尼亚州圣迭戈建立了一个新的海洋生物实验站，主要用于夏季的海洋生物观测，1925 年正式改名为斯克利普斯海洋研究所（Scripps Institution of Oceanography，简称 SIO），不久，美国在该海洋研究所的附近又新建了

一所综合性的海洋研究机构——伍兹霍尔海洋研究所（Woods Hole Oceanography Institute，简称 WHOI，1930 年成立）。从此，美国至今举世闻名的两大海洋学研究中心（SIO 和 WHOI）就开始运作了。另外，苏联在1946 年成立了希尔绍夫海洋研究所；中华人民共和国建立后，在 1958 年成立了第一家综合型海洋学科研机构——中国科学院海洋研究所（前身是1950 年成立的中国科学院水生生物研究所海洋生物实验室）。

海洋学领域第一本综合教科书是 1942 年出版的《海洋》，该书的全名是《海洋：物理学、化学和普通生物学》（*The Oceans：Their Physics, Chemistry and General Biology*），全书分为 20 章，其教程框架至今仍然可用，具体分为：第一章"引言"；第二章"地球与大洋盆地"；第三章"海水的物理性质"；第四章"温度、盐度及密度的总体分布"；第五章"海洋中变量分布理论"；第六章"海水的化学"；第七章"海水中的生物及海水的组成"；第八章"海洋作为生物环境"；第九章"海洋的种群"；第十章"海洋的观测与数据采集"；第十一章"大洋洋流的总体特征"；第十二章"静力学与动力学"；第十三章"大洋洋流的动力过程"；第十四章"波浪与潮流"；第十五章"海水的质量和大洋的洋流"；第十六章"浮游植物及其与环境理化性质之关联"；第十七章"动物及其与环境理化性质之关联"；第十八章"海洋生物的相互作用"；第十九章"海洋中有机物生产"；第二十章"海洋沉积物"。

该书的主要著者是时任斯克利普斯海洋研究所所长、挪威人哈拉尔德·斯维尔德鲁普（Harald Sverdrup）教授。

斯维尔德鲁普教授是当时世界上屈指可数的权威海洋学家和极地科学家。他年轻时在德国接受科学训练，后来回到挪威作为首席科学家参加了罗阿尔德·阿蒙森（Roald Amundsen）的北极探险计划（The Maud Expedition，1918—1925 年）。斯维尔德鲁普教授研究了极地的气象学、磁场学、物理海洋学和西伯利亚大陆架的潮流动力学，在 1936 年受聘担任斯克利普斯海洋研究所第三任所长。他开拓了深海研究，开设了全美国第一门海洋学课程，并撰写了世界上第一本现代海洋学教科书。在他的领导下，斯克利普斯海洋研究所迅速成为世界级的海洋研究机构。"二战"期间，斯克利普斯海洋研究所全面服务于战争需要，帮助美国海军克服潜艇的声波干扰，开设军事气象学课程，培训了 1 200 名军事气象官，发明海浪预测法帮助盟军成功地在北非、意大利和诺曼底等海岸登陆等。1948 年，斯维尔德鲁普教授回到挪威，受挪威政府聘任组建挪威极地研究所（Norwegian Polar Institute），他还参与了挪威教育系统的改革。斯维尔德鲁普是一位伟大的教育家和科学家，尤其是对海洋科学的科学研究和人才培养做出了杰出贡献，每一位投身于海洋科学事业的人士都应该记住这个名字。

如果记不住的话，那就记住一个流量单位——每秒 100 万立方米，它是专门来计量洋流流量的单位，这个单位的名称就是"斯维尔德鲁普"（Sv）。例如，墨西哥湾暖流的流量为 55 Sv。这一单位的命名正是为了纪念斯维尔德鲁普教授，因为他建立了一个方程用来描述海洋的动力学过程。

斯克利普斯海洋研究所的科学家们对海洋科学做出过许多卓越的贡献，例如，关于太平洋中脊区发现的呈条带状分布的磁性异常，成为地质学海底扩张理论的重要证据，引发了地球科学的大革命。人们熟知的"谷歌地球"（Google Earth）中关于海洋的海底地形图，就是采用的斯克利普斯海洋研究所的科学技术和科研成果。再如，现在关于全球二氧化碳升高的科学结论，最初也是由斯克利普斯海洋研究所的科学家发布的。

斯克利普斯海洋研究所和曾呈奎

斯克利普斯海洋研究所是世界上最早开展科学深潜研究的，而尝试这项工作的第一位科学家是曾呈奎先生。曾先生于"二战"后回国，和童弟周先生一起创立了中国科学院海洋研究所，并成为举世闻名的"中国海藻栽培之父"。斯克利普斯海洋研究所所处的圣迭戈海岸非常适合潜水，这里是当时第一个进行非军事浮潜训练的场所。浮潜逐渐成为一项风靡全世界的水上运动。

作为海洋科学考察的开拓文学，英国"挑战者"号的环球考察激发了人们对于海洋的兴趣。从那以后，许多国家纷纷派出船只进行海洋探索。例如，德国的"流星"号在1925—1927年对南大西洋的水文状况进行了14个断面的测量，并在1937—1938年对北大西洋的水文状况进行了7个断面的补充测量，共收集了310多个水文站点的数据。1947—1948年，瑞典的"信天翁"号对热带海洋进行了综合调查，被誉为"近代海洋综合调查的典范"，先后出版了10卷36分册的《瑞典深海调查报告》。据统计，从18世纪到20世纪50年代，世界各地共进行了约300次单船走航式的海洋调查。这些调查使人们对世界各大洋及其主要海域的温度、盐度、水团特征和海底地形有了初步的了解。中国的第一次海洋科学考察始于1954年。目前，中国的海洋科考能力已经达到全球领先水平。

在这里，让我们对目前所探索到的海洋知识进行下总体梳理。海洋约占地球表面积的71%，其中大洋（ocean）占海洋总面积的89%，是海洋的主体；海（sea）占11%，海是洋的边缘区域，是大洋的附属部分。海洋占据地球总水量的96.5%，总计13.5亿立方千米；海洋生物占地球生物种类总数的94%。海洋的平均深度是3 800米，海水表面平均温度为17℃，盐度约为35，阳光在海水中的照射深度约为200米，这个深度范围内的海水被称为真光层，无法被阳光照射的海域一般被称为深海。地球上最大、最长的山脉是洋中脊火山带，连续贯通大西洋、印度洋和太平洋，总长度达56 000千米，90%的火山活动在大洋底的洋中脊。现代科学表明，海底有丰富的水下热泉、火山烟囱以及深海生命。如果地球上现有的冰川、冰山、冰盖全部融化，海平面将上升80米。

地球上有五个大洋。最大的是太平洋，占地球表面积的30%，约1.6亿平方千米，海水体积7.1亿立方千米。除了面积最大，太平洋至少还有四个"第一"：①太平洋中有最多的岛屿，约25 000个，主要分布在南太平洋的三个珊瑚礁群岛区；②太平洋有最深的海沟，是靠近菲律宾板块的马里亚纳海沟，深度超过11.3千米，海底压力超过1 000个大气压，1960

年两位探险家雅克·皮卡德（Jacques Piccard）和唐纳德·沃尔什（Donald Walsh）曾经乘坐特殊的抗压深潜装备到达过这里；③太平洋也有绝对高度最高的山脉茂纳凯亚火山（Mauna Kea），它是位于夏威夷群岛的第一大火山，露出海面部分的高度为 4 205 米，但水面下还有 5 998 米；④太平洋有最多的渔业资源，世界渔业资源捕捞产量的 60% 来自太平洋。太平洋包括的主要海域有巴厘海、白令海、阿拉斯加湾、北部湾、珊瑚海、东海、南海、菲律宾海、日本海、塔斯曼海。太平洋周边的陆地是亚洲、大洋洲、北美洲和南美洲。

大西洋是第二大的洋，面积约为太平洋的 1/2，约 7 676 万平方千米，海水体积 3.5 亿立方千米，最深点位于波多黎各海沟，深度约为 9 000 米。大西洋通过格陵兰海、丹麦海峡、挪威海、巴伦支海连接北冰洋。大西洋主要包括波罗的海、黑海、加勒比海、地中海、墨西哥湾和挪威海。大西洋海水盐度最高，因此其海水密度最大，当海水进入北冰洋时下沉，形成了温盐环流，是整个大洋环流的主动力，被称为"大洋传输带"。最主要的渔业资源是鳕鱼、鲱鱼。大西洋周边的陆地是欧洲、非洲、北美洲和南美洲。

印度洋是第三大的洋，面积约 7 000 万平方千米，海水体积 2.9 亿立方千米，最深点位于爪哇海沟（也称巽他海沟），深度约为 7 300 米。印度洋主要包括阿拉伯海、安达曼海、波斯湾、爪哇海、红海，印度洋周边的陆地是亚洲、非洲、大洋洲。印度洋是最重要的石油产地，每天产油 1 700万桶，占世界海洋石油产量的 40% 以上，因此，连接印度洋的霍尔木兹海峡、马六甲海峡和苏伊士运河是最为繁忙和最为重要的海洋战略要地。另外，印度洋的马达加斯加海域是座头鲸的孵育场。

南大洋是第四大的洋，它作为一个独立大洋地理单元是国际水文地理组织在 2000 年才确定的，是世界上唯一完全环绕地球却未被大陆分割的大洋。南大洋是围绕南极洲的海洋，指南纬 60° 以南的印度洋、大西洋和南纬 55°—62° 之间的太平洋海域。面积 2 032.7 万平方千米，南大洋主要包括罗斯海、别林斯高晋海、威德尔海和阿蒙森海。南大洋约有 2 000 万平方千米的海域被海冰覆盖，其最主要的生物资源是南极磷虾，蕴藏量估计为 5 亿吨。

北冰洋是第五大的洋，是所有大洋中面积最小、深度最浅的大洋。北冰洋面积约 1 500 万平方千米，最深点仅 900 米，主要包括的海有楚科奇海、哈德森海、巴芬海等。北冰洋蕴藏大量的油气资源，随着全球气温升高，是否可以通过北冰洋实现亚洲和欧洲的海洋贸易运输成了热点话题。

海洋根据其深度通常分为 5 个水层：海洋上层（距海面 200 米以内）、海洋中层（距海面 200 ~ 1 000 米）、海洋深层（距海面 1 000 ~ 4 000 千米）、海洋深渊层（距海面 4 000 ~ 6 000 米）、海洋超深渊层（距海面 6 000 米以上）。大洋与陆地之间因为地形的差异构成了一个地理空间，通常分为沿岸带和大洋带，其中沿岸带又分为潮间带和浅海带。潮间带（intertidal zone），是海陆之间的群落交错区，其特点是有周期性的潮汐；潮间带以下的浅海带（neritic zone）或亚沿岸带（sublittoral zone），包括从水面下几米深到 200 米左右深度的大陆架范围。世界主要经济渔场几乎都位于大陆架和大陆架附近，这里拥有丰富多样的鱼类资源。

微信"扫一扫"观看视频

第五节　从达尔文到开尔文，再到卡森

当我们了解海洋的基础知识之后，在本节将重点介绍三位科学家：达尔文、开尔文和卡森（也有译为"卡逊"），来讲解关于海洋的科学与技术是如何被发现或者创造出来的，以及人类是从什么时候开始更多地关注海洋生态系统。之所以选择这三位科学家，不仅是因为他们对人类文明进程的贡献很大，也在于他们相对来说更耳熟能详，更能够拉近知识与受众的距离。

如果说达尔文是一位自然博物学家，那么他关注海洋源于其早期科学生涯的研究经历——"贝格尔"号航海的考察积累，他提出的珊瑚礁形成理论更多地来自于他受到的"地质变化"的思想影响；开尔文是一位物理学家，他关注海洋是因为海军的技术需求和他本人的技术发明能力；那么，蕾切尔·卡森（Rachel Carson，1907—1964 年）则是一位真正关注海洋生命的科学家，她既不像达尔文那样——兴趣点在于探究科学知识，她也不像开尔文那样——兴趣点在于应用自己的物理学专长，她的全部兴趣只是关注海洋中的生物是否生活得幸福。卡森想与那些海洋中的生命产生一种生命之间的交流，当她感觉到那些海洋生命生活得不幸福时，便会为这些不同于人类本身的生命进行呼吁，成为海洋中鱼类和鸟类的代言者，从而引发了海洋生态学的创生和环境保护主义的社会运动。

达尔文

在人类文明的进程中，科学的作用越来越大。1800 年之前最伟大的人物是牛顿，这一点几乎毫无争议，而 1800 年之后最重要的人物则是达尔文（1809—1882 年），他在 1859 年 11 月出版的《物种起源》（*The Origin of Species*）产生了深远的影响。

达尔文基本上是一位纯粹的生物学家，更准确地说是博物学家①。达尔文本人性情温和，喜欢在他的肯特郡庄园过与世无争的生活。但达尔文没有料到，他的学问和研究会让自己上百年地置身于争议的漩涡中心。从达尔文开始，科学研究的成果渗透到了社会科学领域，与原有主流思想产生了极大的冲突，引起了三个非常巨大的社会思想变革。

---

① Naturalist，科学家 "scientist" 这个词语是由英国剑桥大学历史学家威廉·惠威尔（William Whewell）"造出来" 的，但这个名词在当时没有得到今天人们对它的那般喜爱，当时偏向数学和物理方向的学者称自己为自然哲学家（Natural Philosopher），而那些偏向生物和地理方向的则称自己为博物学家。

其一是自然界的生物是神创的，还是演化的，或者说是自然发生的，还是智能设计的。英国博物学家赫胥黎（1825—1895 年）就因为捍卫生物进化论而自称为"达尔文的斗犬"，我们所熟知的严复的《天演论》，翻译的并不是达尔文的作品，而是赫胥黎的作品《进化与伦理》。

其二是达尔文提出的"优胜劣汰、适者生存"的生物演化规律是否适用于人类社会。英国哲学家斯宾塞（Herbert Spencer，1820—1903 年）首次提出了"社会达尔文主义"，他认为人类社会也是一种有机体，不同的人类社会在自然环境中为了生存而竞争资源，必然也会出现因生存竞争而造成的自然淘汰，这是人类社会的一种客观规律。这一理论认为：社会不平等、种族主义、优生主义和帝国主义都是人类社会的合理现象，不必也不应对弱者报以同情和帮助。尼采在此基础上更进一步提出了"超人"哲学。

其三是达尔文得出的"物种演化出现跨越式的门类进化"观点是否昭示人类社会也具有类型化的进化。德国哲学家马克思曾说达尔文的"物种起源"学说很重要，为"阶级斗争"学说提供了自然科学的基础。

达尔文能写成《物种起源》，这和他年轻时的经历是分不开的。达尔文出生于医学世家，16 岁时（1825 年）考入爱丁堡大学学习医学，因害怕外科手术而在 1827 年转到剑桥大学学习神学，但达尔文对此也无兴趣，他喜欢听地理学、地质学和生物学的课程，特别喜欢亨斯洛（Henslow）教授。正是因为这位教授的推荐，1831 年，刚刚毕业的达尔文（22 岁）就登上了"贝格尔"号军舰出海探险，职务是船长秘书兼生物标本采集专家。临行之前，亨斯洛教授送给达尔文一本书《地质学原理》（第一卷，1830 年出版，作者是莱尔教授），并告诫达尔文"通过一切手段看事实，但别轻信理论"。莱尔（Lyell，1797—1875 年）在《地质学原理》中谈到，《圣经》上关于地球只有几千年的说法是错误的，地球的地质历史非常古老，远超人的想象，并且在发生着缓慢而渐进的变化，这引起了达尔文浓厚的科学兴趣。

"贝格尔"号此行是为完成英国皇家学会与英国海军合作的一次海洋探险，主要目的是绘制南美洲地形图。该船原计划从英国出发，先沿大西洋南下到达南美洲东海岸，然后绕过南美洲南端到达太平洋，再沿南美洲西岸到达太平洋东侧赤道附近，然后从太平洋经过印度洋后返回大西洋回到英国，计划为期2年。"贝格尔"号是一条三桅纵帆军舰，并备有小型蒸汽机，从1831年夏天出发，至1836年秋天回到伦敦，历时5年，这是海洋探险史上时间最长的一次。由于远远超出了预定的时间（其中一个原因是达尔文等随船科学家怂恿船长延长考察时间），船长费兹·罗埃受到皇家学会的严厉批评并被解职。但皇家学会没有想到，借助这次探险，达尔文搜集了数以万计的动植物标本，做了大量的观察笔记，为他此后40年的科学研究提供了特别丰富的素材。

1832年2月，"贝格尔"号到达巴西海岸，达尔文发掘到大量古生物化石，他注意到从北往南的地理变化引起同类动物的异化。

1832年8月，"贝格尔"号锚泊在阿根廷的布兰卡湾。达尔文又发掘到各类奇异的动物化石，特别是陆地上的沉积物中出现了很多贝壳类的化石。

1833年8月，"贝格尔"号到达太平洋和大西洋的汇合点，即火地岛南面的合恩角。达尔文对海岛的地质和生物情况做了极为详尽的考察。这是本次科学探险原定任务中的重点工作。

1834年春，"贝格尔"号到达智利和秘鲁沿海一带，正是在这里，达尔文被潘帕斯草原上的昆虫叮咬，以致留下了困扰其终生的血液锥虫病。

1835年9月，"贝格尔"号到达了位于赤道的加拉帕戈斯群岛。该群岛由火山喷发形成，群岛上耸立着一座座高大的火山，面积最大的是伊莎贝拉岛。加拉帕戈斯群岛是一个因为达尔文而名垂史册的岛屿，1978年被联合国教科文组织列为"人类自然遗产"。

加拉帕戈斯群岛自然地理位置独特，位于东太平洋和三大洋流的交汇处，拥有巨龟、海鬣蜥、企鹅、红石蟹等珍奇动植物。达尔文在此进行了为期一个月的考察，引起他最大关注的是一种雀类。达尔文经过仔细观察，发现群岛上的地雀与智利海岸边的地雀有显著的不同，智利的地雀只有一个种类，但加拉帕戈斯群岛上的地雀却有明显差异。根据体形大小、鸟喙形状、羽毛颜色、叫声、饮食和行为等方面的特点，这些鸟类可以分为 14 种，尤其是这些鸟类的食性有显著差别，有的吃果树的种子，有的吃仙人掌，有的吃昆虫，还有的竟然可以捕食小鱼。他在后续的分析中设想，这些鸟类都来自南美洲大陆的同一个祖先物种，但是由于海岛上食物资源稀缺，这些鸟类为了生存，不得不练就更多的获取食物的技能，由此导致了物种的分化。这就是进化论思想的起源，大约在 1838 年正式形成。后来，随着《物种起源》的发表，这些地雀被称为 "达尔文雀族" (Darwin's Finches)，这个岛屿被称为 "活的生物进化博物馆"，岛上也建起了达尔文半身铜像纪念碑和生物考察站。直到现在，关于加拉帕戈斯群岛的地雀仍然是生物学家研究进化学，特别是环境适应进化辐射的重要素材。①

1836 年 10 月，"贝格尔" 号返航回到伦敦。返航的途中，达尔文见到了南太平洋群岛及澳大利亚附近海洋中有很多密集分布的珊瑚礁，珊瑚礁多数呈环形分布。后来，达尔文根据他的观察来研究资料，提出了南太平洋环礁形成理论。达尔文认为：环礁的形成与火山岛有关。在海底火山喷发后所形成的火山岛周围，因环境适宜，于是大批珊瑚附着生长，逐渐形成裙礁。其后因岛屿下沉或海平面上升，岛屿被海水淹没，珊瑚礁继续堆积向上生长，原岛屿范围成为湖，由堡礁或岸礁演变为环礁。

1837 年 6 月 20 日，英国女王维多利亚即位。同年 8 月，达尔文出版了他的第一部著作《"贝格尔" 号航海记》（见图 4 - 6）。1839 年，达尔文当选为英国皇家学会会员，当选 5 天后，他娶了自己的表妹爱玛·韦奇伍德，后者为他生育了 10 个孩子。

---

① 如果想更多地了解加拉帕戈斯群岛的达尔文地雀，可以访问以下网址：https：//galapagosconservation. org. uk/wildlife/darwins-finches/。

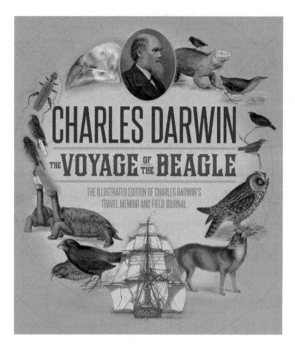

图 4 -6　达尔文首部著作《"贝格尔"号航海记》

《"贝格尔"号航海记》全书共 26 章，基本按照考察日记的格式和工作的先后顺序编排。记录格式是：日期—到达的地方和目的地—第一印象—经历的事情—对当地人和文化的印象—物种记录（很有条理地将哺乳类、鸟、爬行类、植物、昆虫分段记录），最后是一些思考。在这本书里，已经体现了一些关于进化论的思考，而关于珊瑚礁形成理论则有相当完整的论述。这是一部了解海洋、认识海洋的不可多得的作品，达尔文写成此书时年仅 28 岁，所以行文很有年轻人的风格。在书中有不少关于作者考察途中对各种原始部落的所见所思，这与他后来极少论述社会科学相关问题的表现截然不同。

《"贝格尔"号航海记》不仅是一部科学著作，也是一部文学作品，展现了达尔文对海洋的热爱和对自然的敬畏。在同一时期，另一位伟大的科学家、也是达尔文的好朋友和支持者——赫胥黎，也有着类似的海洋考察经历和成就。

赫胥黎的贡献

赫胥黎 21—25 岁时以海军军医的身份在英国军舰"响尾蛇"号上进行大洋洲的海洋考察，他主要研究海洋无脊椎动物的分类学和解剖学，1849 年完成论文《论水母科动物的解剖构造及其间的亲属关系》，发表于英国皇家学会的《哲学通讯》期刊，1851 年当选为英国皇家学会会员。1871 年后，赫胥黎先后担任了英国皇家学会秘书长和会长，更多地参与了社会科学和政治，写出了《进化与伦理》（1888 年）。他在开展辩论时，能够和对手组成一个两派成员共同参加的学术俱乐部（"形而上学俱乐部"，英文名为"the Metaphysical Club"），然后像比赛一样进行有序辩论。1882 年，世界渔业博览会在伦敦举办，赫胥黎发表了一场关于海洋渔业资源的重要演说，他说："海洋能够比陆地生产远远更多的食物，渔场的产量远远比世界上最肥沃的土地要高产得多。"赫胥黎认为，海洋中的渔业资源按照当时的生产条件和能力，对于人类来说是取之不尽、用之不竭的。他还举出了数据：大西洋中鳕鱼繁盛的时候，上下厚度可达 60 米高，1 平方英里范围内的鳕鱼可达 1.2 亿条。

达尔文另一科学贡献是他对珊瑚礁形成理论的研究。他在 1842 年发表专著《珊瑚礁的构造和分布》（*The Structure and Distribution of Coral Reefs: Being the First Part of the Geology of the Voyage of the Beagle*）。全书分为 6 章：第一章"环礁或潟湖岛"；第二章"堡礁"；第三章"岸礁"；第四章"珊瑚礁的分布与生长"；第五章"不同类型珊瑚礁的形成理论"；第六章"珊瑚礁分布与成因理论之间的差异"。这部著作出版之后，得到了科学界的极高评价，因为该著作取得了三个创新成果：一是对海洋中形状各异的珊瑚礁进行了分类；二是对全球珊瑚礁的分布进行了整体描述；三是对珊瑚礁的成因提出了一个新的理论，这一理论就是"珊瑚礁成因沉降说"。达尔文认为，海中的火山喷发以后，由于带来了大量矿物质，珊瑚虫就在其周围生长，逐年累月（约 1 万年）生长成岸礁，其后，火山随地质运动出现下沉，此时珊瑚礁就变为堡礁，再过很多年（约百万年以上），火山全部没入海面，此时就变为环礁（图 4 - 7）。这一理论简洁巧妙，在当时得到了科学界的赞赏，被认为是达尔文取得的仅次于"物种起源"学说的学术成就，达尔文也因此于 1864 年获得英国皇家学会的 Copley 奖章，直到现在也被认为是最主流的珊瑚礁成因理论。该理论极大地推进了珊瑚礁的研究。

微信"扫一扫"观看视频

1.一座水下火山刺穿了海洋的表面

2.火山岛周围形成一个珊瑚礁

3.边缘珊瑚礁围绕着正在下沉的岛屿

4.岛屿完全沉没时，堡礁形成一个潟湖

图 4 - 7　达尔文提出的环礁形成理论

开尔文

威廉·汤姆森（William Thomson，1824—1907 年）在授勋后成为开尔文勋爵，他是现代物理学的奠基人之一，对热力学第二定律有卓越贡献，定义了绝对零度（现代温度的热力学温标由他提出），他还用地球物理学方法测量了地球的年代。对 20 世纪物理学稍有了解的人，可能都听过这样一段话："19 世纪末，物理学的大厦已经建成，晴朗天空中的远处飘浮着两朵令人不安的乌云。"说这句话的人就是开尔文。

开尔文是一个神童，10 岁就被选送进苏格兰格拉斯哥大学读预科，21

岁从剑桥大学毕业，22 岁任格拉斯哥大学教授，持续任教 53 年。开尔文
一辈子都站在科学的顶峰，并且横跨工程、物理、数学、社会等多个领
域，受封勋爵后又成为英国历史上第一个进入上议院的科学家，开尔文死
后葬于威斯敏斯特教堂，墓地就在牛顿的旁边。开尔文这样的人生经历，
不仅是传奇，而且是圆满。

开尔文被封爵是因为他对海洋领域的贡献，这主要和跨大西洋电缆的
铺设有关。美国人莫尔斯在 1839 年发明了电报，并在 1844 年从华盛顿往
巴尔的摩发出了人类历史上的第一份电报，人类终于实现了远距离的即时
通信。不过，当时最远的距离也仅限于城市与城市之间。若能在海底架设
一条电缆，穿越 3 000 多千米的距离，把远隔重洋的欧洲和美洲联系起来，
两地之间不就能第一时间分享信息了吗？不过在当时的历史条件下，完成
这么浩大的工程，谁也没有十成十的把握！

1855 年，年仅 31 岁的青年教授威廉·汤姆森（即后来的开尔文）在
格拉斯哥大学提出了划时代的海底电缆信号传输理论，为后来的跨洋电报
工程奠定了理论基础。不久，大西洋海底电缆公司成立，汤姆森被选为董
事。从此，他始终致力于连接大西洋两岸的电缆铺设这项史诗级的工程，
并最终完成了自己的毕生心愿。

1857 年，在英美两国政府的大力支持下，大西洋电报公司获得资助，
开始在爱尔兰和纽芬兰之间的浅海区域铺设第一条横跨大西洋的电缆。两
地间仅隔 3 200 千米，正好是欧美大陆的最近距离。海床平坦开阔，十分
适合铺设电缆。英美两国政府派出两艘军舰协助施工。然而，电气工程师
华特霍斯因病无法出航，汤姆森接受董事会邀请顶替其职位，尽管没有报
酬。可惜电缆在约 610 千米处意外断裂，首次尝试宣告失败。

汤姆森没有气馁。他分析事故原因，断定是电缆表层机械强度不够。
问题找到了，解决办法也在他的研究中浮出水面。而更困难的是如何接收
微弱的电缆信号。当时电子技术还不发达，没有信号放大设备。汤姆森从
镜面的反光获得灵感，于 1858 年春发明了镜式电流计，利用导线上小镜片

转动放大光信号，终于解决了信号接收难题，大大提高了电报机灵敏度。有了这项发明，长距离电缆通信成为可能。

1858 年春夏之交，大西洋电缆第二次铺设启动。汤姆森随船出发，负责实验室工作。然而，船队刚进入大西洋，暴风骤起。汤姆森不顾狂风巨浪，继续指挥电缆铺设工作。历经一周惊涛骇浪，船队终于在 8 月 3 日抵达爱尔兰，8 月 5 日电缆完成上岸。当天下午 3 点 55 分，汤姆森发出人类历史上第一条穿越大西洋的电报。5 分钟后，美国那端回信收到。大西洋的距离不再是阻碍，连心的纽带正式连接！1858 年 8 月 16 日，维多利亚女王用摩尔斯电码向美国总统发出首条祝贺电报，打开了人类远距离实时通信的新纪元，尽管这次发报用了 16 个半小时。不料，这根电缆却很短命——它的信号日渐微弱以致完全中断，在 3 个星期后就坏了。汤姆森坚持说："第一条海底电缆虽然寿命不长，但是证明了长距离海底通信是完全可能实现的。"最后他得到了政府的资助，又开始研制第二条大西洋海底电缆。

1865 年年初，一条经过改良的大西洋海底电缆被制造出来，准备进行铺设。然而，意外发生了，电缆在海底断裂，沉入了深不见底的海沟。这次失败给公司带来了巨大的损失。汤姆森没有放弃，他说服了公司，决定再造一条海底电缆。1866 年 4 月，海底电缆工程重新启动，汤姆森仍然担任电气工程师，负责第四次铺设工程。6 月中旬，海底电缆的一端在爱尔兰登陆，很快就与美洲建立了通信，效果很好。终于，永久性的大西洋海底电缆完成了。跨大西洋海底电缆铺设工程是人类通信史上的一个新的里程碑。它经历了三条电缆、四次铺设、十年的时间。汤姆森因为开辟大西洋海底通信的功绩，获得了很高的荣誉。1866 年，他被英国政府封为爵士，1892 年又被授予"开尔文勋爵"，这个头衔来自流经他在苏格兰格拉斯哥大学实验室的开尔文河。

1867 年，大西洋海底电缆公司的老板菲尔德也因其企业家精神而获得了美国国会颁发的金牌，并在巴黎举行的国际博览会上获得了特等奖。海底电缆让通信更快，使世界变得更小。到19世纪末，英国、法国、德国和美国拥有的电缆就已经将欧洲和北美洲用电报通信网络连接起来。现在，光纤发明之后，海底光纤的铺设早已跨越所有大洋，是人类地球村的最重要的基础设施保障。

茨威格在他的历史特写集《人类群星闪耀时》中，专门用"越过大洋的第一次通话"一章来讲述这个人类文明进步的传奇故事。

开尔文对海洋科学与海洋工程技术领域的贡献很多。例如，开尔文勋爵为英国海军研制了精准潮位仪和船载高稳定指南针（以便纠正因船舶制造中大量使用铁而产生的磁偏差，见图4-8和图4-9）。在海洋理论方面，开尔文提出了与地球自转有关的开尔文波，包括三种类型：开尔文慢波、快速开尔文波、超快速开尔文波，这一理论对海洋与大气的相互作用的研究具有重要意义，可以用于预测厄尔尼诺现象。另外，开尔文还提出了开尔文船波的计算方法。每当我们看到一艘船从平静的水面经过，都会关注到船的尾部会激起一道"V"形的波。经过研究，开尔文得出一个公式，即船的速度与船体长度的平方根成反比的规律，因此，如果把船缩小后测量其速度，就可以推算出将船放大以后的船速。这就为室内模拟大型船舶速度提供了科学方法，提高了船舶设计的科学理论指导能力。

图4-8 开尔文发明的预测   图4-9 开尔文发明的
        潮汐的机器   新型指南针

开尔文本人也因为他众多的发明创造而成为名利双收的科学家。他一辈子发表了 600 多篇学术论文，确实是罕见的天才，但更让人钦佩的还是他在架设海底电缆时多次冒着生命危险在船上与风浪搏斗，在经历多次失败后仍然坚持到底的精神，这是一种值得称颂的勇气。正是因为年轻时的壮举，开尔文成为特别受人欢迎的学界领袖，但他对自己研究中的错误十分固执。开尔文的两大学术错误：一是错误地估算了地球的年龄，他认为地球年龄只有 1 亿年，所以在这么短的时间内生物是无法完成达尔文所说的物种进化过程的，因此他拒绝接受生物进化理论；二是他认为地球的内部温度不是很高，因为在开尔文所处的时代还没有发现放射能，因此他无法想象地球中心是灼热的。不过值得尊敬的是，他的错误观点都是公开发表在科学杂志上的，是经过大量的理论计算而得出的。因此，改正一个开尔文的错误，就意味着科学前进了一大步。这就像开尔文所说的笼罩在 19 世纪物理学头上的两朵"乌云"一样，对这两朵"乌云"的研究结果就是提出了相对论和量子力学。在开尔文的晚年，当有人请他谈谈成功的秘诀时，他的回答是：失败。他说："我们都感到，对困难必须重视，不能回避；应该把它放在心里，希望能够解决它。无论如何，每个困难一定有解决的办法，虽然我们可能一生都没有找到。"让我们都能面对失败进行"愉快的斗争"！

微信"扫一扫"
观看视频

这就是一种完美的科学家精神。我们用一个基本计量单位（绝对温标 K）来纪念他。

蕾切尔·卡森

蕾切尔·卡森（Rachel Carson，1907—1964 年，也有译为蕾切尔·卡逊），小时候在美国宾夕法尼亚州的农场长大，她从小喜欢文学，10 岁时就曾发表儿童文学小作品。1925 年，她就读于美国宾州大学英语专业，在暑假时去了伍兹霍尔海洋实验室进行海洋研究实习，之后转到了生物学专业，然后获得奖学金到约翰斯·霍普金斯大学读研究生。毕业后，卡森就职于美国渔业局，主要的工作是做电台科普节目"水下的浪漫"，此后开始进行关于海洋生物的写作。1936 年，卡森成了美国渔业局的水生生物学家，主要是研究美国东部切萨皮克湾（Chesapeake Bay）的海洋生物与海洋环境。"二战"期间，她曾帮助美国海军研发潜艇的水下声学探测技术与装备。1941 年，卡森出版了她的第一本书《海风下》（*Under the Sea-Wind*）。1943 年，卡森到美国新成立的鱼类及野生动植物管理局（United States Fish and Wildlife Service）任水生生物学家，其后担任鱼类及野生动植物服务出版署的主编。1951 年，卡森出版了她的第二本书《我们周围的海洋》（*The Sea Around Us*）。这本书取得了极大的成功，被翻译成 32 种语言，在《纽约时报》畅销书榜保持 81 周。该书获得美国国家科学技术图书奖和伯洛兹自然科学图书奖，是 20 世纪描写海洋生态最杰出的文学作品。1956 年，卡森出版了她的第三本书《海洋的边缘》（*The Edge of the Sea*）。在该书中，她开始关注海洋的生态学问题。以上三部作品又被称为"卡森海洋三部曲"。1962 年，卡森出版了她的第四本书《寂静的春天》（*Silent Spring*），这本书重点谈到了化学杀虫剂（农药）滴滴涕对鱼类和野生生物的危害。卡森在 1964 年死于癌症，据后来的科学研究，很可能就是农药造成的。因此，《寂静的春天》写的不仅是她作为海洋生物学家的学术研究成果，而且也是她本人在农药影响之下的身体感受。

卡森最卓越之处有两点：第一是她优美的文笔，用诗一般的语言，生动地描绘了环绕在我们人类周围的海洋世界。我们就以卡森著名的科普作品《我们周围的海洋》为例，来欣赏一下她优美的文笔。

例如，在第一章"混沌起始"中，她写道：

　　有理由相信，这一事件发生在地壳初步硬化之后，而非半熔融状态时。至今，地球表面还留着一道巨大的伤疤。这伤疤或者说缺口之中承载的就是太平洋。据一些地球物理学家所言，太平洋海床含有玄武岩成分，而其正是地幔所含物质。反之，其他大洋的海床则多由薄薄的花岗岩岩层组成，而其则为地壳所含物质。人们立即联想到，太平洋海床表面的花岗岩岩层去了哪里，而最合理的推测就是它在月球形成时被剥离了地表。这一论断有证据支撑：月球的平均密度远小于地球（3.3：5.5），说明月球组成物多为地壳的花岗岩和玄武岩，其内并未掺杂地球上比重较大的铁矿石。①

在第七章"岛屿诞生"中，她写道：

　　我们只能猜测岛屿从海洋中出现后，有多久一直杳无生命的踪迹。当然，岛屿最初的状态肯定是"赤身裸体"、粗糙不堪、令人望而生畏的，超越了人类的经验。它的火山斜坡上没有一种动物生存；裸露的熔岩上未覆盖任何植物。但随着岁月流逝，遥远大陆上的植物和动物或随风漂流，或随洋流漂流，或随着漂浮的木头、刷子或矮树，偶然来到这里，占据了这里，从此这里便有了生命。

　　大自然的方式是如此深思熟虑，如此从容不迫，如此不屈不挠，以至于一座岛屿要经历数千年甚至数百万年才可能会有一种动物居住于此。也许自万古以来，某一种具体的生命形式，例如乌龟，也就成功登陆海岸五六次。想来也无奈，人类由于没有见证大自然的这一宏伟过程，因此也就无法确切了解生命到底是以何种方式到达这些远离人烟的荒凉之地的。"②

第二是她对待生态的态度。卡森可以说是一位将生态概念融入血液的科学家，她把对其他生物的爱看得和对人的爱一样重要。

---

① ［美］蕾切尔·卡森：《我们周围的海洋》，陶红亮译，北京：海洋出版社，2018 年，第 5 页。

② 同上，第 82 页。

　　在卡森写《寂静的春天》前，她就关注和收集有关化学杀虫剂对生态环境危害的资料，为创作做了前期准备。她收集和整理的有关证据及研究的文献堆满了房间。为使论述观点和材料准确无误、有理有据，她阅读了几千篇研究报告和文章，寻找和拜访某些科学领域的权威专家，向他们请教。在写作的过程中，她尽量客观分析有关的资料，以防止出现任何违背科学的描写。她预料到作品出版以后，涉及的有关科学问题会有争论，就按照章节和页码的顺序，将主要资料来源附在最后。蕾切尔·卡森以大量经过深入调查分析而得出的数据和科学结论，揭示了因滥用杀虫剂而导致的重大环境问题和生态灾难，指出滥用杀虫剂和化学药品给自然生态和人类健康带来的灾难性后果。

　　1962 年，《寂静的春天》在美国出版，问世之初一度引起很大的争议，尤其是产业界把她的作品视为眼中钉，认为有关杀虫剂对自然界危害的描述纯属夸大其词，在公众中激起了对杀虫剂莫名的恐惧，并且损害了产业的声誉。他们利用手中掌握的社会资源对《寂静的春天》发动了各种各样的攻击和围剿，还声称要在必要的时候以法律的手段讨回公道。

　　在公众的巨大压力下，美国农业部开展了对杀虫剂使用后果的调查，调查结果支持了卡森在《寂静的春天》中所持有的观点。

　　《寂静的春天》是现代环保主义运动的开端。鲍里斯·沃尔姆（Boris Worm）在美国科学院院报（PNAS）上发表了一篇评述文章《大海里寂静的春天》（*Silent Spring in the Ocean*），该文提到：卡森 1962 年发表的《寂静的春天》，揭露出当时认为无害的、被广泛使用的农药滴滴涕可能具有毒性效应，这部作品几乎以一己之力将化学品污染带入了公众的意识，并点燃了全球性的环保运动。作者之所以用卡森来引出话题，就是因为卡森的名字已经具有超越性和跨界的影响力。

　　卡森去世之后，关于保护海洋生态环境的意识逐步得到了公众的普遍支持。1965 年成立的卡森委员会（The Rachel Carson Council），是一个以卡森的愿景为目标的全国性环境组织。该组织主要在做抢救珍稀鱼类的事业。他们的口号是"让它们繁衍"（Let them spawn），目标在于建立一个可以让鱼类安静产卵的栖息地。

1970 年，美国环境保护署正式成立，由此启动了全面整治环境问题的国家战略。1972 年，农药滴滴涕被禁止使用。由于这些农药使用历史较长，且很难短时间降解，环境保护署专门将这类污染物称为"可持续有机污染物"（Persistent Organic Pollution Substances，POPS），这是卡森等先驱努力带来的结果。同一年，尼克松总统建议，卡森工作过的美国渔业管理局、气象局及海岸测量局合并，成立美国国家海洋和大气管理局（NOAA）。

本节之所以列举这些科学家，不仅因为他们杰出，也因为他们独特。他们的与众不同对进入科学研究队伍的人来说，是一种福音——不管你具有哪种特点，你也许早慧如开尔文，也许不知道做什么而想换专业，也许只是一个看起来很普通的科研工作者，都可以从这些伟人的身上找到怎么发挥自己长处的启发。从这些伟大的科学家身上，我们能发现他们的共同之处——执着。达尔文历经 20 年整理"贝格尔"号考察材料，发表《物种起源》；开尔文历经十年实现跨洋电缆的铺设；卡森则不畏强大的对手可能带来的污蔑（卡森发表《寂静的春天》之后，由于她终身未婚，有人说她是一个养着猫的女巫）。执着是科学的精神！

微信"扫一扫"
观看视频

第六节　文明冲突论与文明海洋论

在本章的最后一节，我们来讨论一下究竟应以何种态度来看待人类文明的进程。从有史以来的进程看，主要是冲突。战争几乎是解决争端的必由之路。海洋在人类文明进程的绝大多数时间里，主要担负着决战之地的角色。但我们也可以看到，正如埃斯库罗斯所说，文明终究是温和征服野蛮。人类最关注的还是自身是否可以过上幸福的生活——贸易和文化的交流使得人类的物质生活和精神生活都富裕起来，这才是人类自身想要的，海洋就是促进人类贸易和思想交流最好的通路。"陆止于此，海始于斯"，用这样优美的语言来描述一场战争似乎总觉得不是人类自身的本意。这就是本书的重要目的：如何通过回顾人类文明的进程，来发现过去的动力机制，以形成自己具有逻辑力的见解，再对将来的未知有一种预见，以形成自己具有判断力的洞察。

这是一个很难有明确答案的问题，但又是一个人人需要面对的问题和挑战。正如法国画家高更的绘画一样——你是谁、你从哪里来、你往哪里去，是人类面对的三大哲学难题。

对这样的问题的理解，向来只有两种方法：一是演绎法，二是归纳法。

演绎法的优势是采用逻辑推理，但它的劣势是逻辑的大前提不易获得，因此，常常采用类比的方法来补充，这就是很多古代思想家最大的问题所在。例如，亚里士多德认为，世界上最完美的几何图形是圆形，而天空是完美的，所以所有的天体绕地球运动一定是圆形的轨迹。这种方法应用于社会科学领域，同样会带来很多的问题。例如，人有生老病死，那么，文明也必然有生老病死。德国有一位哲学家斯宾格勒，曾经在 1918 年写过一本书——《西方的没落》，提出了一种"文化形态学"的观念。他认为，文化是有机体，体现为一个有机的过程，当一个伟大的灵魂从永恒童稚的人类原始精神中觉醒过来，自行脱离蒙昧原始的状态，从无形式变为形式，从无界与永生变为一个有限和会死的东西时，文化便诞生了。它像植物一样，在一块有确定风景的土地上开花结果。当这个灵魂以民族、宗教、艺术、国邦、科学等形态实现了它本身所有可能的潜力之后，便又恢复至其原始精神中去。他的判断是：当人类文化中没有了宗教精神，那么，这种文化就缺了内在生长的能力，而西方在 20 世纪开始后，就处于缺乏宗教的阶段，因此，西方不可避免地要走向没落了。这看起来是一种富有逻辑力的推理，但问题是斯宾格勒所说的大前提是否成立。许多西方著作都因为深受古希腊的影响，其内在的逻辑看似严谨，实则经不起推敲。因此，在 16 世纪时，培根就对这样的学术提出了尖锐的批评，这就是一种"剧场的假象"——把自己的思想安放在一个自己布置的舞台上，以为这就是真实的发现，但却缺少实质的内涵。

归纳法的优势就是实事求是，从客观事实中去积累大量的实例，并从中得出一些规律，再将这样的规律应用于其他事例中去，这一过程的前半段是通过实践来得出一定的规律，因此被称为规律（law）。这一过程的后半段往往分为两个阶段——假说和验证。假说是对规律的推理性预测，然后去验证其真实性和实用性，当验证为真时，就上升为理论。因此，整个过程就是：实践—规律—假说—验证—理论，从而实现从少量样本的规律逐步扩大到更多的样本的适用。这一方法的优势就是每一步都是扎实可控的，而且是可以不断修正完善的。这种方法在自然科学领域成为主导的方法学以后，自然科学得到了显著的、不断的进步，而且即使理论升级，它仍然可以包容以前的理论，这是一个范围逐步扩大的过程。因此，我们在认识自然科学的时候，经常看到的一个现象是：新理论囊括了旧理论的适用范围，又开拓了更广阔的疆域。比如，爱因斯坦的相对论就是对牛顿力学的扩展。但是，归纳法应用于社会科学领域就要难得多，主要原因是归纳法需要有大量的实验样本，而人和人类社会本身都很难适用于实验的方法来开展研究。

但随着人类科技水平的提升，这种实验学的方法正在不断地渗透到社会科学领域中。通过实验学的方法先得出一些可靠的规律，然后再结合演绎的推理，成为新的研究方法。例如，按照达尔文的自然选择理论，自私是人的本性，究竟我们为什么会产生合作的策略？针对这一问题，美国科学家罗伯特·阿克塞尔罗德（Robert Axelrod）在 1980 年采用计算机程序竞赛来研究人类的策略问题。这个竞赛选用"重复囚徒困境"（Computer Prisoners Dilemma Tournament）为竞赛题，请世界上所有计算机专家来设计各种不同的策略（参赛者其实都是在各种计算机程序之间开展比赛），竞赛重复两轮。结果非常令人震惊，两轮竞赛的获胜者都使用同一个计算机程序，这个程序的名称叫"TIT for TAT"（中文可翻译为"一报还一报"），程序的设计者是来自加拿大多伦多大学的阿纳托·拉普伯特（Anatol Rapoport）。这个计算机程序采用了最简单的策略，是所有参赛程序中最为简单的。"一报还一报"这个程序在开局时首先采取合作的态度，然后重复对手的行为，如果对手欺骗，则本方欺骗，如果对手合作，则本方合作。

作者从这个实验结果出发，对在没有权威控制下希望获得本方最大利益的"自私者"为何最后选择合作这个问题进行了思考。他提出了三个问题：①在不合作占据大环境的条件下，基于合作策略的一方如何才能取得最初的根据地；②对于不同地区的个体可以自由选择各种策略的条件下，什么样的策略是可能成功的；③如果大的环境下，大家都能采取合作的战略，那么如何防御那些采取具有较少合作战略的对手的侵入。作者认为，一个好的战略或策略应该具有三个特质：善良性、宽容性、可激怒性。作者在 1981 年将这一研究成果出版成了专著《合作的进化》（*The Evolution of Cooperation*），他的这一结论在社会科学的诸领域中产生了广泛而深刻的影响，被广泛征引。

作者得出的合作三大原则"善良性、宽容性、可激怒性"是一个很好的案例。但这一案例的前提条件是：参赛各方具有平等性和技术对称性。任何一方都不得对另一方采取强制行为，也不会提前知道对方的策略。但是，在现实世界中，情况显然要复杂得多。

首先谈一谈平等性。人类文明进程的多数历史时间中，都以强制为显著特点。社会的等级制度、国家与国家之间的军事竞争与战争、西方国家的文明优越论，都是这样的体现。缺少平等就必然引起冲突。

美国哈佛大学的亨廷顿教授曾经于 1993 年出版《文明的冲突与世界秩序的重建》（*The Clash of Civilizations and the Remaking of World Order*），他认为：①"冷战"后，世界格局的决定因素表现为八大文明，即中华文明、日本文明、印度文明、伊斯兰文明、西方文明、东正教文明、拉美文明，还有可能存在的非洲文明；②未来世界里，国际冲突的主要根源将不再是意识形态或经济因素，而主要来自文化方面产生的巨大差异；③来自文明方面的冲突将是未来世界和平的最大威胁，因此要建立以文明为基础的世界新秩序，以避免世界战争；④全球政治格局正在以文化和文明为界限重组，并呈现出多种复杂的趋势；⑤文化之间或文明之间的冲突，主要是目前世界八种文明之间的冲突，而伊斯兰文明和中华文明可能会联合对西方文明提出挑战。

作者的出发点显然缺乏文明平等性的前提，他将西方文明现在占据的优势当成必然，其他文明发展快了就是对它的挑战，而且还猜测其他文明会联合起来对付另一方。这个观点从居安思危的角度来看是无可厚非的，但将文明等同于文化差异是很难令人赞同的。

再来谈一谈技术对称性。在现实社会中，决定技术对称的主要是科技水平。假如将上述的竞赛改为解决一个难题，那么，参赛的计算机程序将因为技术水平的差异而大大减少。技术对称性的另外一个反映就是信息的对称性，由于技术水平的差距必然导致信息的不对称，参赛的其中一方的策略完全被对手所掌握。一个极端的例子就是中国历史上的义和团运动，当以虚构的刀枪不入来面对真实的枪炮时，结果是可想而知的。

因此，社会的合作是有前提条件的。一个良好的国家秩序需要以平等和技术对称为前提。但这个前提往往是理想状态，可能只存在于少数历史阶段，比如古典四大帝国时期。但总体来说，当一个国家的能力和水平逐渐取得平等地位和技术对称地位时，采取"善良性、宽容性、可激怒性"的合作原则应该是一个好的策略。

这样的策略在开发海洋、争取海洋权益中会发挥重要作用，因为海洋的地理特点决定了其空间资源和自然资源的合作性原则。海洋是地球上最大的可以探索的空间，也是最后尚未划定的疆域，对于现代文明来说，具有巨大的潜力和价值。在全球化的现代秩序中，国际合作是经济发展的主要动力机制，我们应该更加积极地采取合作，共同推进海洋发展。中国提出的"21 世纪海上丝绸之路"，旨在通过建设更加紧密的海上合作网络，强化亚洲、非洲和欧洲之间的经济合作，提升贸易、投资和基础设施建设，促进区域经济一体化和共同发展。通过"五通"（政策沟通、设施联通、贸易畅通、资金融通、民心相通）所代表的互联互通，我们将塑造新一代的海洋地理大发现，人类命运共同体将在海洋合作中得到极大的体现。

所以，我们要从文明冲突论转化为文明海洋论，建立一种关于文明的海洋观。世界上所有的大洋都是相通的，没有一滴海水是仅仅属于太平洋或者是属于大西洋。海洋正是因为其流动性才为人类提供了最大的气候缓冲器。人类社会从最初的大河文明开始，逐步走向了陆地，占据了几乎所有可以生存的陆地空间，现在是时候从大河流入海洋；如果说每一条大河都代表来自高山上的冰，带着各自的泥土的独特性，那么当大河流入海洋，则会进行混合和交流。文明的发展终究是人类共同的事业，各国的文明流入世界的海洋，带入各自的营养，才使得文明的海洋能够更加兴旺起来。

微信"扫一扫"观看视频

"莫己若者"这样的文明观是人类的幼年期，"海纳百川"的文明观才是人类的成熟期。自强不息是海洋的精神，这种海洋精神将进一步推动人类社会走向进一步的文明。

小　结

本章从多个方面阐述了现代社会的特征以及海洋在现代文明中的重要性。首先，本章介绍了现代社会变化的快速性，涉及人口数量增长、科技进步和国家制度变革等方面。这些变化对现代社会产生了深远影响，同时也引发了民族解放、国家独立、人民幸福、世界和平和生态和谐等重要议题。

其次，本章重点探讨了海军主义与海权论的兴起过程。以英国为例，作为一座岛国，英国一直高度重视海军建设，并在风帆战舰时代就掌握了领先的战术，到铁甲舰时代仍然保持着技术优势。马汉编写的《海权论》系统阐释了海权对国家兴衰的决定性作用，对各国海军战略思想产生了深远影响。

本章介绍了殖民主义的终结对海洋贸易的影响。随着拉丁美洲、亚洲和非洲相继实现民族独立，原殖民地港口为贸易提供了有利条件。海洋贸易由于具有低成本和大规模运输的特点，成为经济发展的重要动力。

本章讨论了人类对海洋知识的认识来源。一方面，各国海军进行海洋调查，编制海图、海洋物候和资源分布图；另一方面，科学家如达尔文、开尔文和卡森等也做出了重要贡献。达尔文提出了珊瑚礁形成理论，开尔文实现了跨大西洋电缆的铺设，而卡森则关注海洋生态问题。

本章重点强调了卡森的环保意识引发了现代环境保护运动的兴起。她揭示了农药对生态环境的危害，提出了滥用化学品的后果，并唤醒了公众的环保意识，推动了环保立法，对海洋生态保护产生了深远影响。

最后，本章提出了文明海洋论。不同文明应该包容多样，实现交流互鉴、合作共赢，而不是发生冲突。我们应积极推动各国有序开发和利用海洋资源，实现合作共赢。

本章系统梳理了自工业革命以来人类社会的巨变，强调了科技进步和产业结构升级是推动历史变迁的关键因素，同时强调了海洋在现代社会中的重要作用，凝聚了人类勇于探索未知世界的精神。海洋合作有利于世界持久和平与共同发展。总之，本章概括了现代社会的特征，解析了海洋在现代文明中的意义，并为下一阶段的海洋文明发展提供了历史启示。

第五章　当代篇

第一节　概　述

当今世界，海洋已经成为人类不可或缺的资源空间和重要的战略空间。海洋拥有广阔的空间和丰富的资源，包括海洋生物资源、能源资源、矿产资源等，其开发利用对世界经济的发展和人类的生活有着不可替代的作用。随着全球化的加速和海洋科技的迅猛发展，人类开始更加深入地探索海洋、开发海洋资源。在这一进程中，海洋法的发展和完善起到了至关重要的作用。国际海洋法形成和发展的历程，见证了国家间合作的不断加强，也是人类认识海洋和管理海洋的过程。本章将探讨海洋法的发展历程以及人类在海洋开发中所遇到的挑战和机遇，同时，还将介绍一些与海洋相关的经济、环境和社会问题，如海洋渔业、船舶运输、海洋环境污染等，希望能够激发读者对海洋的兴趣和关注，并促进更加理性和可持续地开发利用海洋资源。

第二节将介绍国际海洋法的形成与发展过程。国际海洋法的发展源于海洋作为一个公共资源的特殊性质，需要国际社会合作来共同管理和保护。通过对国际海洋法的历史沿革和相关条约的探讨，我们可以更深入地了解国际海洋法的基本原则和发展趋势。

第三节将介绍《联合国海洋法公约》的主要内容。这是国际海洋法领域最为重要的条约之一，对国际社会管理海洋事务和维护海洋生态环境起到了至关重要的作用。我们将对公约的内容进行详细的解读，以便读者更好地理解其在国际海洋法中的地位和作用。

第四节将讨论世界主要的港口。港口对全球贸易和运输至关重要，它们带来的经济利益非常显著。每个港口都有其独特的优势，例如位置和基础设施。但是，随着对可持续发展的要求越来越高，港口面临着比以往任何时候都更多的挑战。绿色港口的发展已经成为行业的一个重要趋势，许多港口正在实施减少其环境影响的措施。

第五节将介绍海洋经济与产业范畴。随着经济全球化和科技的发展，海洋经济正逐渐成为一个重要的新兴领域。海洋经济包括海洋资源开发利用、海洋旅游、海洋文化和海洋科技等领域。海洋经济的发展将对全球经济产生深远的影响，因此，各国都需要在海洋经济领域进行战略规划和政策制定。

第六节将讨论海洋渔业的发展和管理。海洋渔业对于各国的经济和人民生计都有着重要的作用，但是，随着全球人口的增加和经济的发展，海洋渔业面临着一系列挑战，包括资源的减少、渔业管理的不足、生态环境的破坏等。不过海洋渔业同时也有机遇，例如新技术的应用、渔业可持续发展的倡导等都可以推动海洋渔业产业更好地发展。

第七节将介绍海洋船舶业。当代世界的海洋船舶业是一个庞大而复杂的行业，它涵盖了船舶制造、维修、海事运输、海洋工程、港口运营和物流等各个领域，具有非常广泛的影响和作用。

第八节将介绍海洋油气产业。海洋油气产业是当前全球范围内非常重要的产业之一。随着全球能源需求不断增长，油气的开发和利用越来越重要。海洋油气产业主要包括海上石油钻探、生产、输送和储存等方面。在海洋油气的开发中，涉及的技术和设备非常复杂，而且存在安全风险。为此，各国政府和企业要加强油气资源的管理和监管，确保其安全、稳定、高效地开发和利用。

第九节将介绍海洋交通运输业。海洋交通运输是国际贸易和经济发展的重要组成部分，我们将在本节了解海运的发展现状、港口运营、航线规划、海上安全等方面的内容。随着全球经济的不断发展和物流需求的增长，海洋交通运输业的发展越来越受到关注，港口不断发展，航线网络日益完善，海洋交通运输业也在不断壮大。但同时，海洋交通运输业也存在一些问题，如港口拥堵、航线安全等。为此，各国政府和企业应加强交流与合作，共同推动海洋交通运输业的发展。

最后一节将介绍绿色港航，强调保护环境和可持续发展的重要性，探讨绿色港口和绿色航运的技术。随着全球环保意识的增强，各国在海洋交通运输领域也开始采取更加环保的措施。绿色港航作为一种新型的海洋运输理念，已经受到越来越多的关注和支持。除了欧洲绿色航道计划，全球各地也有许多其他绿色港航项目，如中国的"绿色航运示范区"和北美洲的"节能港口计划"等。这些项目的推行，不仅有助于保护海洋环境和资源，还有助于实现海洋经济和产业的可持续发展，促进全球经济的繁荣和稳定。

总之，当代社会中海洋与人类文明愈发密不可分，海洋资源和环境对人类的生存和发展至关重要。我们必须珍惜和保护海洋资源和环境，推动海洋产业和经济的可持续发展，以实现人类文明的持久繁荣和可持续发展。希望本章的内容可以让读者深入了解海洋与人类文明的关系，以及海洋产业的发展和可持续发展的重要性，为推动全球的可持续发展贡献一份力量。

第二节　国际海洋法的形成与发展过程

国际法或者国际公法，是指在国际交往中形成的，用以调整国际关系的，有法律约束力的原则、规则和制度的总称。[①] 海洋法（law of the sea）

---

① 梁西：《国际法》，武汉：武汉大学出版社，2000年，第3页。

是指有关各种海域的法律地位和在各种海域中从事航行、资源开发和利用、海洋科学研究和环境保护等活动的原则、规则和规章制度的总称。海洋法作为涉及海洋公共秩序的国际法的一个分支，也是人类在海洋的各类活动中所应遵循的原则、规则和制度的总称。

当代社会，各国在海洋上的权力要求和所从事的活动越来越多，国际社会先后通过多种方式对相关海洋规则进行整理编纂，不断完善国际海洋法律体系。关于海洋法的编纂活动主要是通过联合国三次海洋法会议进行的。联合国等国际组织在整合和发展国际海洋法方面做出了巨大贡献，其中 1958 年日内瓦海洋法公约，包括《公海公约》《领海及毗连区公约》《大陆架公约》《捕鱼及养护公海生物资源公约》，对人类在海洋从事各类活动做出了框架性的规定。

1947 年，联合国大会决定成立国际法委员会，负责"促进国际法的逐渐发展与编纂"工作。1949 年，国际法委员会在第一届会议上选定了 14 个编纂题目，其中与海洋法相关的是公海和领海制度。会议决定成立特别委员会编制相关的报告。1954 年，联合国大会要求国际法委员会将其拟定的关于公海、领海、毗连区、大陆架和海洋生物资源的保全等条文予以系统化。1956 年，国际法委员会完成了关于起草海洋法的最后报告（共 73 个条款），并提交给联合国大会。联合国大会在 1957 年 2 月 21 日做出决定，召开一次由各国政府参加的国际会议，以审查海洋法问题。

第一次联合国海洋法会议，于 1958 年 2 月 24 日至 4 月 27 日在日内瓦召开。参加会议的有 86 个代表团。鉴于任务广泛，会议成立了 5 个委员会分别负责对各部分条款进行讨论和修正。最后会议通过日内瓦海洋法公约，包括四个海洋法公约。

为解决第一次联合国海洋法会议遗留的领海宽度等问题，在 1960 年 3 月 17 日至 4 月 27 日期间，联合国在日内瓦办事处召开了第二次海洋法会议，有 88 个代表团以及若干联合国专门机构和国际组织的代表参加。这次会议距离上一次会议时间太短，似乎不足以消弭相关国家之间的分歧，因此这次会议在遗留问题上并未取得新的进展。20 世纪 50 年代以后，大批亚非拉第三世界国家摆脱殖民统治获得独立，开始在国际政治中发挥积极影响，掀起了建立国际政治新秩序和国际经济新秩序的运动，也开展了反对传统海洋大国的霸权、维护海洋权益的斗争。许多拉丁美洲国家相继宣布将其主权或海洋管辖权扩展到 200 海里的范围。同时，许多国家集团或地区组织也发表了著名的声明和宣言，支持扩大沿海国管辖海域的主张。

当时不同的国家在不同海域分别使用着不同年代制定的领海标准。随着各国本身对于渔业、矿产等资源需求的增长，爆发过一系列冲突，这些冲突也推动了后来《联合国海洋法公约》的诞生。例如，冰岛同英国就曾因鳕鱼捕捞的争端引发过三次冲突。自 18 世纪 60 年代以来，欧洲国家尤其是英国，对鳕鱼的需求量越来越大。欧洲的鳕鱼产区主要集中在冰岛海域，包括英国在内的许多国家的渔船来到这个海域捕捞鳕鱼。冰岛政府因担心赖以生存的鳕鱼资源会在滥捕中遭到彻底破坏，连续几次扩大领海范围，并在 1958 年宣布要把领海扩大到 12 海里处，以保护鱼类资源。冰岛在 1958 年 8 月 30 日要求外国渔船撤离其 12 海里领海，英国却不予理会，继续派出拖网渔船在冰岛海域捕鱼。英国还动用了 37 艘战舰和 7 000 名士兵，展示其强大的军事实力。相比之下，冰岛只有一些改装的渔船和没有战斗经验的警察和民众，人口也不到 30 万。但冰岛人并没有畏惧，为了保卫国家主权和渔业利益，用炮火驱赶英国渔船，引发了历史上著名的"鳕鱼战争"。冰岛人不想伤害英国船员，英国人也不敢过于激烈行事，因为两国都是北约的成员国，如果争端升级，会引起美国等国的干预。结果，英国渔船在冰岛人的干扰下几乎捕不到鱼，只好同意和冰岛谈判。1961 年，英国正式承认了冰岛的 12 海里领海线。然而冰岛仍不满足，又宣布要进一步扩大领海，并给予英国 3 年时间进行调整。1971 年，冰岛将领海范围扩大到离岸 50 海里，导致了第二次"鳕鱼战争"的爆发。双方发生了几次激烈的冲突，冰岛人用割网、轰炸等手段逼退英国船舶，英国政府则增派了更多战舰为其渔船护航。经过北约的多次调解，英国被迫召回战舰并无奈让步。1973年，双方达成协议，限制英国渔船仅可在50海里范围内的特定区域作业。1975年协议到期后，由于鳕鱼资源日益减少，为了保护这一珍贵的海洋财富，冰岛在1975年12月宣布，将其领海范围扩大到离岸200海里。英国不愿放弃在冰岛海域的捕鱼权益，与冰岛展开了第三次"鳕鱼战争"。这次争端持续了5个月，冰岛采取了强硬的措施，威胁退出北约，关闭凯夫拉维克的北约军事基地，甚至与英国断绝了外交关系。欧共体也试图调停，但英国依然固执己见，凭借自身强大的海军实力，拒绝让步。1976年2月，欧共体终于失去了耐心，公开宣布欧洲各国的海洋专属经济区均限定在200海里。在这样的压力下，英国最终不得不承认200海里的经济专属区。除了渔业资源争端，从20世纪60年代起，一种新的矿产资源锰结核在海底被广泛发现。它拥有30多种金属元素，其中大多数在陆地难以获得，有关海底资源归属的问题又成为焦点。1967年，马耳他常驻联合国大使帕尔多先生向时任联合国秘书长递交了一份提议。在这份题为"关于目前国内管辖范围以外的海洋床底及底土专为和平目的及为人类利益而利用之宣言与条约"的提议草案中首次提出了"人类共同继承财产"的概念。面对这一势不可挡的反对海洋霸权、维护国家海洋权益的历史潮流，世界需要一套新的海洋游戏规则，以解决国家的海洋管辖范围和公海海底的法律地位等问题。于是，1970年第二十五届联合国大会通过提案，决定于1973年召开第三次联合国海洋法会议，广泛讨论各种有关问题，包括领海、大陆架、公海渔业和海洋环境保护、科学研究等各项制度。第三次联合国海洋法会议于1973年12月3日在纽约召开（见图5-1），预备提出一全新条约以涵盖早先的几项公约。这一次联合国海洋法会议，前前后后历经了9年（1973—1982年）时间，共召开了11期16次会议，先后参会的有160多个国家代表团，还有民族解放组织、国际组织、未独立领土等50多个实体的代表作为观察员出席了会议。本次会议既是国际关系史上参加国家最多、规模最大、

图 5 - 1　1973 年 12 月 3 日在纽约联合国总部召开的
第三届联合国海洋法会议第一届会议的场景

时间最长的一次外交会议，也是国际法编纂史上所拟公约条文最多的一次会议。历时 9 年，参加第三次联合国海洋法大会的各国代表终于达成了共识，制定出一部整合性的海洋法公约，即《联合国海洋法公约》（以下简称《公约》）。《公约》对有关"群岛"的定义、专属经济区、大陆架、海床资源归属、海洋科研以及争端仲裁等都做了规定。1985 年 12 月 10 日，《公约》在牙买加蒙特哥湾市开放签字。按照《公约》规定，《公约》应在 60 份批准书或加入书交存之后一年生效。从太平洋岛国斐济第一个批准《公约》内容，到 1993 年 11 月 16 日圭亚那交付批准书止，已有 60 个国家批准《公约》，这就意味着《公约》在 1994 年 11 月 16 日正式生效。我国于 1982 年 12 月首批签署《公约》，在 1996 年 5 月批准《公约》，是世界上第 93 个批准《公约》的国家。《公约》建立了一个法律框架，各国根据《公约》管理对世界海洋的所有和使用。截至 2023 年年底，168 个国家和欧盟成为《公约》的缔约方。一旦一国成为《公约》缔约方，就有义务使其海洋主张和国家法律与《公约》保持一致。《公约》首次为合理管理海洋资源及为后代子孙保护海洋资源提供了一个通用的法律框架。世界大家庭还很少以协商一致的方式实现如此彻底的变革。《公约》集中了全人类的智慧，全面系统地制定了海洋不同领域的法律制度，被公认为是可与《联合国宪章》媲美的"海洋宪章"。时任联合国秘书长加利说，这是20世纪最伟大的成就之一。

此外，自20世纪80年代以来，特别是1992年世界环境与发展大会之后，国际社会普遍认识到，海洋是人类生命支持系统的重要组成部分，也是可持续发展的宝贵财富。人类在从海洋中获取财富、利用海洋争夺财富、依赖海洋生存的基础上，又形成了对海洋的新认识，就是要善待海洋、保护海洋。

微信"扫一扫"观看视频

第三节　《联合国海洋法公约》

《联合国海洋法公约》，英文为"United Nations Convention on the Law of the Sea"，缩写为 UNCLOS。《公约》共 17 部分，连同 9 个附件共有 446 条，其中正文部分 320 个条款。《公约》确立了一整套新的海洋活动的规则，建立了一个完整的法律框架，对所有海洋区域、对海洋的利用、海洋科研以及争端仲裁等都做了规定。

根据《公约》，海洋可以划分为九大区域（见图 5 - 2）：内水（Internal Waters）、领海（Territorial Sea）、毗连区（Contiguous Zone）、专属经济区（Exclusive Economic Zone）、大陆架（Continental Shelf）、公海（High Seas）、国际海底区域（International Seabed Area）、用于国际航行的海峡（Straits used for international navigation）以及群岛水域。本节将对《公约》规定部分的海上区域及争端解决机制做一些简单介绍。

领海基线是测算一个国家领海宽度的起算线。一般有三种确定沿海国

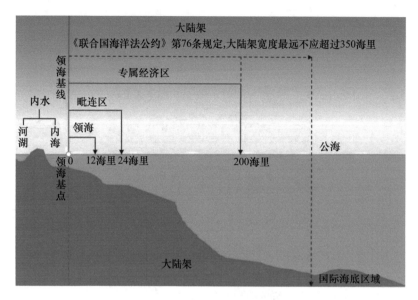

图 5-2　根据《公约》，海洋可以划分为九大区域

（注：图中没有标出的两个特殊的区域，分别是用于国际航行的海峡和群岛水域）

领海基线的方法（见图 5-3）：正常基线法、直线基线法、混合基线法。第一种是正常基线，指沿海国官方承认的大比例尺海图所标明的沿岸低潮线。因此，正常基线又称低潮线，是以退潮时海水退到离岸最远的那条线为基线。海岸平直的国家一般采用这种方法。第二种是直线基线，指在海岸线极为曲折，或者近岸海域中有一系列岛屿情况下，可在海岸或近岸岛屿上选择一些适当点，也就是领海基点，采用连接各适当点的办法，形成直线基线。第三种混合基线则是交替采用正常基线和直线基线来确定本国的领海基线。

　　领海基点是直线基线法中的那些点，它们是计算领海、毗连区、专属经济区和大陆架的起始点，是维护各国海洋权益和宣誓主权的重要标志。图 5-4 是我国的一些邻海基点，如领海基点方位点式石碑或灯塔标志。

　　内水是指国家领陆内及领海基线向陆一侧的水域，包括河流及其河口、湖泊、港口和内海等。根据 1982 年《公约》确认，内水是一国领土之一部分。沿岸国家对内水享有与对领陆同样的主权。

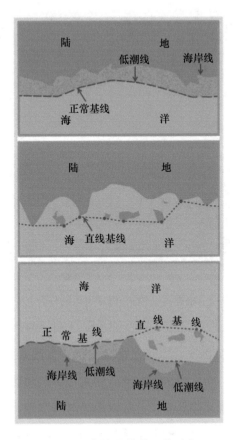

图 5 - 3　领海基线的三种画法

图 5 - 4　我国部分领海基点

领海是指沿海国主权管辖下与其海岸或内水相邻的一定宽度的海域，是国家领土的组成部分（见图5-5）。领海的上空、海床和底土，均属沿海国主权管辖，外国船舶在一国领海内享有无害通过权。根据《公约》规定，领海是从领海基线量起最大宽度不超过12海里的一带水域。领海宽度曾是各国争论的核心，16世纪到17世纪的论点都采用模糊的概念，最初有人主张以视力范围为领海范围，后来荷兰国际法学家格劳秀斯等学者力主以当时的"岸炮射程"作为控制海域的范围，地中海地区的国家也采用"岸炮射程"的主张，北欧的斯堪的纳维亚各国则以沿岸的固定"岸距"作为领海的范围。上述主张中，以"岸炮射程"作为领海范围得到普遍的赞同。由于18世纪大炮射程平均不超过3海里，一些国家便规定其领海宽度为3海里。1945年后，此惯例逐渐被改为12海里（22千米）甚至200海里。最终由1982年《公约》确定为12海里。

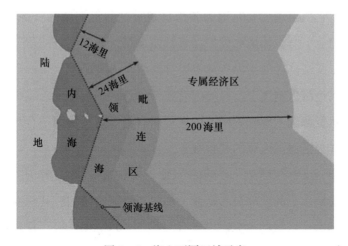

图5-5　海上不同区域示意

毗连区，又称"邻接区""海上特别权"，是指沿海国根据其国内法，在领海之外邻接领海的一定范围内，为了对某些事项行使必要的管制权而设立的特殊海域，其宽度从领海基线量起不超过24海里。毗连区的法律地位不同于领海。领海是国家领土的一部分，受国家主权的支配和管制，而毗连区是为了保护国家某些利益而设置的特殊区域，沿海国在此区域内对特定范畴事物享有必要的管制权，并对有关违法行为进行惩治。另一方面，毗连区的管制范围仅限于特定水面，而不及于海底和领空，这与国家在领海内整体行使国家主权有显著区别。沿海国的管制权利具体体现为以下两方面：防止在其领土或领海内违犯海关、财政、移民或卫生的法律和规章；惩治在其领土或领海内违犯上述法律或规章的行为。

专属经济区是指沿海国在领海外并邻接领海的一个区域，从领海基线量起，最多不超过 200 海里。在这个区域内，沿海国享有对海床、底土和水域资源的勘探、开发、使用、养护和管理的权利，以及对人工设施、科研、环保等的权利。其他国家仍然有航行和飞越的自由，以及与之相关的其他合法用途（如铺设海底电缆、管道等）。沿海国对其专属经济区的渔业和矿产有专有的开发利用或准许他国利用的权利。专属经济区不属于领土，但是是国家主权的延伸。专属经济区是第三次海洋法会议上确立的一项新制度，它的出现主要是因为各国日益重视邻近海域的资源开发保护，以及沿海渔业、海洋环境的保护需求日益迫切，如"鳕鱼战争"等事件所示。设立专属经济区使沿海资源得以有效纳入该国管辖。

在专属经济区制度下，沿海国有权管理该区域内渔业、采矿业以及一切有关自然资源的开发和利用，这样可以有利于这些资源的合理开发和利用，并使其为沿海国人民的利益服务。

大陆架，又称"陆架""陆棚"或"大陆棚"，指沿海国家的领海以外，依其陆地领土的全部自然延伸，扩展到大陆边缘的、其宽度依据《公约》规定的海底区域的海床和底土（见图 5－6）。《公约》规定沿海国可以主张 200 海里宽的大陆架，如果从测算领海宽度的基线量起到大陆边的外缘的距离不到 200 海里，则扩展到 200 海里的距离，可以从事海洋资源的开发利用。大陆架的水深一般都在 200 米以内，但宽度大小不一。一般与大陆平原相连的大陆架比较宽，可达数百至上千千米。按照《公约》第 76 条规定，对于拥有宽广大陆架的国家，还可以扩到 200 海里之外，但最远不得超过 350 海里，这就是法律意义上的"外大陆架"。按自然延伸原则提出外大陆架要求，必须找到大陆架边缘。按照《公约》第77条规定，沿海国对所辖的大陆架及其自然资源享有专属权利。我国近海大陆架比较广阔，渤海和黄海的海底全部、东海海底的大部分和南海海底的一部分，都属浅海大陆架。目前，开发海洋资源，尤其是石油资源，主要是在大陆架上进行的。

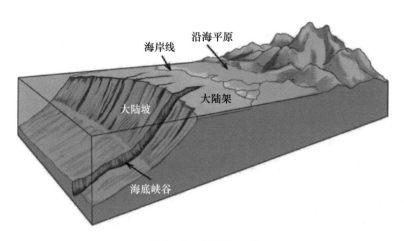

图5-6　大陆架示意

公海，又称"国际公海""国际水域"（International waters），是指沿海国内水、领海、专属经济区或群岛国的群岛水域内的全部海域以外的广大海域。公海自由是公认的国际法原则，是公海制度的核心和基础，其含义是：公海对所有国家开放，不论其为沿海国或内陆国，都有在公海上从事国际法所不禁止的活动的自由，但公海自由并不意味着公海处于无法律状态。《公约》规定了六项公海自由：①航行自由；②飞越自由；③铺设海底电缆和管道的自由，但受第六部分的限制；④建造国际法所容许的人工岛屿和其他设施的自由，但受第六部分的限制；⑤捕鱼自由，但受第二节规定条件的限制；⑥科学研究的自由，但受第六部分和第十三部分的限制。同时，《公约》第88条明确提出，公海应只用于和平目的。

国际海底区域是指各国专属经济区和大陆架管辖范围以外的国际海底区域，包括海床、洋底及其底土。海底由山脉、高原、火山、山谷和浩瀚的海底平原组成，就像陆地环境一样。海底既蕴藏着陆地上的许多矿物质，储量丰富，也有深海特有的矿物质。该区域及其自然资源是人类共同继承的财产，由国际海底管理局（International Seabed Authority，简称ISA）代表全人类进行管理，任何国家不能对该区域及其资源主张或行使主权或主权权利。国际海底管理局是管理国际海底区域及其资源的权威组织。根据联合国第三次海洋法会议的决议，1983年3月成立了联合国国际海底管理局和国际海洋法法庭筹备委员会。《公约》生效同年（1994年），国际海底管理局在牙买加首都金斯敦宣告正式成立。这也是《公约》最重要的贡献之一，即将54%的海底纳入国际管辖，而不受任何一个国家管辖。

用于国际航行的海峡是指夹在公海与公海等之间的领海中，用于国际航行的重要海峡。"过境通行权"与领海内的"无害通过权"相比，活动的自由度更高。《公约》的一个重大突破即把"用于国际航行的海峡"制度从领海制度中分离出去而成为一个独立的制度。按照《公约》第3部分第37条、第45条的规定，受其规范的用于国际航行的海峡有两个标准，即地理标准与功能标准。就地理标准而言，这类海峡两端必须连接公海或专属经济区；就功能标准而言，这类海峡必须用于国际航行。满足这两个条件的海峡，就是用于国际航行的海峡。

群岛国（Archipelagic State）是指全部由一个或多个群岛构成的国家，并可包括其他岛屿。"群岛"是指一群岛屿，包括若干岛屿的若干部分、相连的水域或其他自然地形，彼此密切相关，以致这种岛屿、水域和其他自然地形在本质上构成一个地理、经济和政治的实体，或在历史上已被视为这种实体。群岛国可用直线基线法，将连接其最外缘各岛和各干礁的最外缘各点的直线作为基线（应包括主要岛屿和一个区域），并从基线量出其领海、毗连区、专属经济区、大陆架等海域，而基线所包围的水域，不论深度或距离海岸的远近如何，都称为"群岛水域"。群岛国对该水域享有主权，但其他国家的船舶通过群岛水域享有无害通过权。

《公约》处理争端的机制

《公约》在第15部分的"争端的解决"中，按照一般国际争端的解决方法，提出了任择性决定的程序与有拘束力裁判的强制程序。《公约》的第287条规定了4种解决争端的方式。

（1）国际海洋法法庭（International Tribunal for the Law of the Sea，简称 ITLOS）。国际海洋法法庭（法庭的标志见图 5 - 7）是根据《公约》建立的一个法律组织，始建于1996年，总部位于德国汉堡市，是专门审理海洋法案件的国际组织，现为联合国大会观察员组织。法庭成立了简易程序分庭、渔业争端分庭、海洋环境争端分庭和海洋划界争端分庭。法庭可应当事方要求成立处理特别争端的分庭。根据《公约》规定，法庭由21名独立法官组成。法庭作为一个整体，必须能代表世界各主要法系和公平地区分配。法官的选举按《公约》各缔约国协议的程序举行。得票最多并获得出席并参加表决的缔约国2/3多数票的候选人即当选为法官，但该项多数应包括过半数的缔约国。法官任期九年，可连选连任。法庭管辖权包括处理根据《公约》及其《执行协定》提交法庭的所有争端，以及在赋予法庭管辖权的任何其他协定中已具体规定的所有事项。《公约》缔约国都可参加法庭，在某些情况下，除缔约国之外的实体（例如国际组织及自然人或法人）也可参加。

图 5 - 7 国际海洋法法庭的标志

（2）国际法院［International Court of Justice，简称 ICJ（微标见 5 - 8）］。国际法院是联合国的主要司法机关，负责根据国际法解决国家之间的法律争端，并对联合国各机关和专门机构提出的法律问题发表咨询意见。国际法院成立于 1945 年 6 月，位于荷兰海牙，由 15 位法官组成，他们由联合国大会和安全理事会选举产生，任期为 9 年。国际法院只受理主权国家之间的案件，不受理个人或组织的案件。国家如果不愿意接受国际法院的管辖，可以不参与诉讼，除非有特别的条约规定要求它参与。国际法院的判决具有法律约束力，但没有强制执行的机制，需要依靠国际社会的支持和压力来实施。

图 5 - 8　国际法院徽标

（3）仲裁法庭。仲裁法庭是一种临时的仲裁机构，它是为了处理特定的争端而设立的，由双方当事国或由联合国秘书长指定的五名仲裁员组成。仲裁庭可以处理除了《公约》第 297 条和第 298 条所列的特定争端以外的所有争端，这些特定争端包括关于海洋划界、历史性权利、军事活动、法律适用等问题。仲裁法庭根据《公约》附件七的规则进行仲裁，仲裁庭可以根据争端的性质和复杂程度，自行确定仲裁程序的规则和细节。

（4）特别仲裁法庭。特别仲裁法庭是按照《公约》附件八组成的，为了处理其中所列的一类或一类以上争端。

缔约国可自由选择以上四种途径中的一种或几种，根据《公约》第 287 条做出书面声明并交给联合国秘书长保存（缔约国根据第 287 条做出的声明）。如果争端各方没有接受相同的解决程序，那么只能按照附件七将争端提交仲裁，除非争端各方另有约定。

《公约》的特点与局限性

《公约》的特点主要有两点：一是完整性。《公约》是一部完整的"一揽子协议"，是平衡不同制度、不同利益国家与集团得失的杰作。与传统的国际海洋法不同，《公约》是在"二战"后新获得独立的广大发展中国家与英国、美国等传统海洋大国之间谈判达成的，比较全面地反映了发展中海洋国家的利益。二是普遍性。一方面，《公约》内容涵盖了海洋的种种问题，涉及所有国家的利益。例如，《公约》不仅赋予了沿海国家极大的海洋管辖权，也兼顾了地理不利国和内陆国等各方面利益。《公约》为广大的非沿海国家也设置了许多海洋权利。另一方面，《公约》得到国际社会的普遍认可和遵守，具有极大的普遍性。除《联合国宪章》之外，《公约》是被国际社会广泛认可和接受的国际条约。

《公约》几乎对海洋法领域的所有问题都做了规定。但同时，它也是第三次联合国海洋法会议历经 9 年艰苦谈判、经过不同利益集团之间的斗争和妥协所取得的结果。因此，《公约》的部分条款内容难免存在缺陷和模糊，其实都是无奈的选择。正如当时代表中国参加第三次联合国海洋法会议的副代表之一许光建先生回忆："会议形势错综复杂，《公约》草案为照顾各方立场，不可避免地是一个调和折中的产物。"[1] 例如，海洋划界问题就是其中之一。《公约》第 74 条规定了"海岸相向或相邻国家间专属经济区界限的划定"："海岸相向或相邻国家间专属经济区的界限，应在国际法院规约第三十八条所指国际法的基础上以协议划定，以便得到公平解决……在达成第 1 款规定的协议以前，有关各国应基于谅解和合作的精神，尽一切努力作出实际性的临时安排，并在此过渡期间内，不危害或阻碍最后协议的达成。这种安排应不妨害最后界限的划定。"从上述条款的规定可以看出，《公约》关于海岸相向或相邻国家间海域划

---

① 山旭：《海权约法：中国参与联合国海洋法合约谈判的始末》，载《瞭望东方》，2012年 12 月 10 日。

界原则的规定十分笼统、含糊。它一方面为各国对《公约》这些条款的灵活解释留下了很大的空间，另一方面也导致各国在海域划界原则适用方面产生了巨大分歧，进而引发了国家间的矛盾和冲突。事实上，在第三次联合国海洋法会议上，关于海岸相向或相邻国家间大陆架的划界原则是争论最激烈的问题之一。在会上有两种截然相反的观点：一种观点是以 1958 年《大陆架公约》为依据的、认为应以中间线或等距离线作为划界原则；另一种观点则是以"北海大陆架案"为依据的、主张应该按照公平原则来划定疆界。在上述两种不同意见相对立的情形下，《公约》只做了上述原则性的规定，实际上并没有解决这两种观点的对立。这也为后来产生争端提供了空间。

微信"扫一扫"
观看视频

第四节　世界主要的港口

借助现代定位技术和数据可视化技术，如果想了解一条船航行在哪里，你只需要打开海洋船舶航行追踪的网站（例如 http://ship.chinaports.com/），就可以实时地了解船舶运行的轨迹、船舶的名称、目的地、经纬度，以至于航速、船型以及船舶的照片。然后，你就会惊叹于地球广阔的海洋上遍布着密密麻麻的船舶，而接收这些船舶的港湾就是港口。

与中文"港口"对应的英语单词有两个："harbor"和"port"。这两个英文单词在中文语境下似乎并无区别，但其实际应用时所指称的含义还是有较大区别（见表 5-1）。港口"port"是我们现代意义上专指用于运输货物的地方，尤其是指从事海洋国际贸易的地方，是人工建设的专用设施。而港口"harbor"则既可以是人工建设的，也可以是天然形成的。港口"harbor"的重点是指停靠船舶的地方，是一定有入海口的。因此，一般来说，军港、渔港都是指"harbor"。从英文词义本身也可以看出，"port"的原义是通道口，它的指向是陆地，是海洋通向陆地的一个入口；

而"harbor"的原义是驻留，它的指向是海洋，是海洋船舶的停靠地。在古代，即使从事海洋贸易的港口，由于人工设施还比较少，因此也很难区分是用"harbor"还是用"port"，在这种情况下，两个单词基本是可以混用的。随着现代化港口尤其是集装箱港口的建设，这种专用于国际贸易的海洋与陆地设施的区域则通常被称为"port"。本节重点的讲解对象就是港口"port"。

表5-1　港口（harbor）和港口（port）的差异点

	港口（Harbor）	港口（Port）
经济目的	主要用于停靠船舶	主要用于国际海洋贸易
建设规模	人工建设成分少，可以为天然	人工建设多，有许多设施设备
对船舶作用	停靠船舶，包括恶劣天气停泊地	主要用于装卸船舶的进出
与陆地关系	与陆地关联较小	可以通过各种运输通道与陆地紧密相连
建设特点	渔港/军港	通常有集装箱码头

全球有多少个港口？世界港口网可以提供近200个国家的数千个港口（包括内陆河流中的港口）的信息。如果我们再有些经验，很快还可以说出世界海洋航行的那些最重要的狭窄通道：马六甲海峡、苏伊士运河、巴拿马运河、直布罗陀海峡等。因此，我们也很容易知道，就像陆地上的铁路运输一样，有些海洋的港口是具有枢纽性的，相当于大车站。我们一般将这些海洋贸易物流运输中的重要港口称为基本港（base port）。那些班轮运价表中载明的班轮定期或经常靠泊的港口，大多是航线上较大的口岸，货载多而稳定。在计算运费时，只按基本运费率和有关附加费计收，不论是否转船，不收转船附加费或直航附加费。基本港的货物一般为直达运输，无须中途转船。据统计，全球基本港约为150个。凡基本港口以外的港口都称为非基本港口。非基本港口一般除按基本港口收费外，还需另外加收转船附加费，达到一定货量时则改为加收直航附加费。

随着国际贸易和经济全球化的发展，港口在供应链和物流配送中的作用日益凸显，港口功能也在经济发展中不断升级。目前，全球港口发展正向第五代转型。第一代港口出现在1960年前，主要功能是海运转运、临时存储和收发货物，是海运与内陆运输的接口。第二代港口在20世纪60—80年代出现，在第一代功能的基础上，增加了装卸运输和服务工商业务的场所功能，业务范围不断扩大。第三代港口在20世纪80—90年代崛起为物流中心，不仅具备前两代功能，而且加强与所在城市和用户的联系，提供运输、贸易的信息服务和货物配送等综合服务。第四代港口在20世纪90年代至2010年左右出现，建立在港航联盟和港际合作基础上，具有大型化、信息化、网络化的特点，满足市场灵活需求，实现精细化和敏捷化生产。第五代港口被称为绿色港口或低碳港口，预计在2030年前后出现，注重港口的生态功能和可持续发展，主要特征是高效、绿色、低碳，着眼于港城、港镇的结合。港口推动海洋贸易的一个重大技术创新，是现代集装箱运输产业的革命。集装箱运输技术起源于1955年，是由美国人马尔康·马克林（Malcom McLean，1913—2001年）发明的。马克林年轻时是个集装箱司机，经常往返于码头运送棉花，他在观察码头工人的装卸时有了发明的灵感。1955年他与别人合资开了一家海陆运输公司，其创办公司的理念是"卡车—船—卡车"，并从银行贷款4 200万美元，购买并改造了两条"二战"时的油品运输船。1956年4月26日，58个装满货物的集装箱被运上了马克林改造的集装箱运输船"理想—X"号（Ideal-X），从新泽西港出发运输到休斯敦，这是世界上首次集装箱运输。纽约与新泽西港务局非常支持马克林的这项技术创新，率先在新泽西州建立了世界上第一个集装箱专用码头"伊丽莎白港"。集装箱运输一次性解决了货物运输中的标准化、集约化、转运便利化等重大技术问题，也极大地减少了货物在运输过程各个环节中的偷盗损失，使得货物运输成本下降至原来运输模式的1/100，因此集装箱运输得到了十分迅猛的发展，是国际贸易与物流产业的一次重大革命。正是因为集装箱运输的出现，发达国家的工厂才出现了全球化的大转移。

　　目前，全球货物运输90%采用集装箱运输，集装箱运输产业已经占据海洋运输业价值的60%以上，世界上每周的集装箱货船进港装卸货物的次数大约为10 000个班轮。

　　从地域发展来看，全球港口行业经历了由西欧向北美洲再向东亚推进的变化。几个世纪前，欧洲人将他们的船只开往整个世界，推动了当时世界经济的发展，但如今世界上最繁忙的十个港口中几乎没有他们的踪影。20世纪90年代中期以前，日本和"亚洲四小龙"对外贸易的高速增长带动了港口业发展，尤其是集装箱吞吐量的高速增长。近30年来，世界港口的一个最显著变化是亚洲港口的崛起。如果按照2022年集装箱运量（百万标准箱）来进行排名（表5-2），可以看出：全球前九名港口全部集中在亚洲，其中中国占据7个，另外2个是新加坡港、釜山港，荷兰的鹿特丹港排在第十名；世界前50名港口中，亚洲的港口有34个，占68%，当然，最突出的显然是中国。

表5-2　2022年全球集装箱港口吞吐量排名前50的年度排行榜①

单位：标准箱（TEU）

序号	港口	集装箱吞吐量	国家	大洲
1	上海港	47 303 000	中国	亚洲
2	新加坡港	37 289 600	新加坡	亚洲
3	宁波舟山港	33 351 000	中国	亚洲
4	深圳港	30 036 200	中国	亚洲
5	青岛港	25 670 000	中国	亚洲
6	广州港	24 857 600	中国	亚洲
7	釜山港	22 078 200	韩国	亚洲
8	天津港	21 021 300	中国	亚洲
9	香港港	16 685 000	中国	亚洲
10	鹿特丹港	14 455 000	荷兰	欧洲
11	迪拜港	13 970 000	阿联酋	亚洲

---

　　① 数据来源：《劳氏日报》。

续表

序号	港口	集装箱吞吐量	国家	大洲
12	安特卫普港	13 500 000	比利时	欧洲
13	巴生港	13 220 000	马来西亚	亚洲
14	厦门港	12 434 700	中国	亚洲
15	丹绒帕拉帕斯港	10 512 800	马来西亚	亚洲
16	洛杉矶港	9 911 160	美国	北美洲
17	纽约和新泽西港	9 493 660	美国	北美洲
18	高雄港	9 491 580	中国	亚洲
19	长滩港	9 133 660	美国	北美洲
20	林查班港	8 741 050	泰国	亚洲
21	汉堡港	8 261 980	德国	欧洲
22	太仓港	8 025 860	中国	亚洲
23	胡志明市港	7 905 260	越南	亚洲
24	丹吉尔地中海港	7 596 840	摩洛哥	非洲
25	丹绒不碌港	7 232 440	印度尼西亚	亚洲
26	科伦坡港	6 860 000	斯里兰卡	亚洲
27	蒙德拉港	6 503 450	印度	亚洲
28	贾瓦哈拉尔·尼赫鲁港	5 959 110	印度	亚洲
29	萨凡纳港	5 892 130	美国	北美洲
30	日照港	5 804 400	中国	亚洲
31	海防港	5 629 140	越南	亚洲
32	盖梅港	5 593 450	越南	亚洲
33	连云港港	5 570 000	中国	亚洲
34	马尼拉港	5 474 480	菲律宾	亚洲
35	钦州港	5 407 000	中国	亚洲
36	科隆港	5 102 500	巴拿马	北美洲
37	瓦伦西亚港	5 052 270	西班牙	欧洲
38	比雷埃夫斯港	5 000 950	希腊	欧洲
39	营口港	4 995 000	中国	亚洲
40	桑托斯港	4 986 590	巴西	南美洲
41	吉达港	4 960 120	沙特阿拉伯	亚洲
42	阿尔赫西拉斯港	4 767 280	西班牙	欧洲

序号	港口	集装箱吞吐量	国家	大洲
43	不莱梅/不来梅港	4 572 870	德国	欧洲
44	塞拉莱港	4 504 000	阿曼	亚洲
45	大连港	4 459 000	中国	亚洲
46	东京港	4 430 000	日本	亚洲
47	阿布扎比港	4 330 000	阿联酋	亚洲
48	塞德港	4 252 980	埃及	非洲
49	烟台港	4 117 800	中国	亚洲
50	休斯敦港	3 974 900	美国	北美洲

从上述数据可见，亚洲的港口近年来发展十分迅猛，且多数集中在中国及东亚邻国。接下来介绍其他各洲的重要港口。

欧洲是世界上最先发展港口的区域，英国、荷兰、葡萄牙、西班牙在大航海时代的历史已为我们所熟知。当前欧洲的大型港口包括：①荷兰的鹿特丹港，在 20 世纪 90 年代之前是世界第一大港，被称为"欧洲门户"；②比利时的安特卫普港，是比利时第一大港，规模约相当于美国第二大港休斯顿港，位于鹿特丹港的南部；③德国的汉堡港，是欧洲第三大港，具有江海联运的优势；④法国的马赛港，是该国最大的商业港口，也是地中海最大的商业港口；⑤荷兰的阿姆斯特丹港，是该国第二大海港，也是国际货物多式联运的重要中心；⑥英国的费利克斯托港，是该国第一大港，占据了英国集装箱贸易的 42%，最早运行于 1875 年；⑦法国的勒阿弗尔港，位于法国塞纳河口，是该国第二大港和最大的集装箱港，也是塞纳河中下游工业区的进出口门户；⑧俄罗斯的诺沃罗西斯克港，是俄罗斯最大的海港，位于俄罗斯南部黑海东北岸，是欧洲重要的石油运输港口，有输油管连接俄罗斯中部和西西伯利亚油田；⑨德国的不来梅港，是该国第二大港口，也是欧洲重要的中转海港；⑩挪威的卑尔根港，是该国的最大海港，始建于 1070 年，是挪威传统的航运、渔业和商业中心；⑪西班牙阿尔赫西拉斯港，是该国第一大港口，最早创建于 1894 年，曾是世界十大转运港口之一；⑫俄罗斯的普里莫尔斯克港，是该国波罗的海海域的重要港口，地理位置离俄罗斯重要城市圣彼得堡较近；⑬希腊比雷埃夫斯港，是地中海最重要的港口之一，是在公元前3000年就自然存在的港口，以前被当成战争防御港口，后来被开发成贸易港口。

除了以上这些重要港口，欧洲的基本港还主要包括：英国的南安普顿港、伦敦港、曼彻斯特港；爱尔兰的都柏林港；匈牙利的布达佩斯港；波兰的华沙港；捷克的布拉格港；丹麦的哥本哈根港、奥尔胡斯港；瑞典的哥德堡港、斯德哥尔摩港；挪威的奥斯陆港；芬兰的赫尔辛基港；葡萄牙的里斯本港；意大利的热那亚港、威尼斯港；西班牙的巴塞罗那港、巴伦西亚港，以及马耳他的马耳他港。

根据2022年港口集装箱吞吐量数据（参考表5-2），位于美国第二大都市洛杉矶的洛杉矶港，是全美洲最大的港口，也是世界绿色港航的典范。美国东北部大西洋沿岸的纽约和新泽西港位于全美第一大都市，该港是美国第二大港口，也是美国东岸最大的港口。美国休斯敦港位于该国南部最大城市休斯敦，是美国第三大港口，同时也是全国石油工业中心和小麦输出港口。温哥华港是加拿大最大的海港，位于加拿大第三大城市，是世界上最重要的小麦输出港口之一。

除了这些港口，北美洲重要港口还包括美国的波士顿港、巴尔的摩港和迈阿密港，以及加拿大的温哥华港、蒙特利尔港和多伦多港。

里约热内卢港是巴西最大的海港，位于巴西第二大城市，毗邻大西洋，是巴西出口矿石、煤炭、石油、咖啡和蔗糖的重要基地。南美洲的主要港口还包括智利的瓦尔帕莱索港和阿里卡港，巴拿马的巴拿马城港和科隆自由贸易港，阿根廷的布宜诺斯艾利斯港，巴西的桑托斯港和里奥格兰德港，以及乌拉圭的蒙得维的亚港。中美洲的主要港口包括墨西哥的曼萨尼约港，委内瑞拉的拉瓜伊拉港，危地马拉的圣何塞港，厄瓜多尔的瓜亚基尔港和秘鲁的卡亚俄港。

大洋洲重要港口主要包括澳大利亚的悉尼港、墨尔本港、布里斯班港、阿德莱德港，新西兰的奥克兰港、利特尔顿港、惠灵顿港。

非洲的基本港主要有阿尔及利亚的阿尔及尔港，南非的德班港、开普敦港、约翰内斯堡港；肯尼亚的蒙巴萨港、内罗毕港，尼日利亚的拉各斯港，加纳的特马港，贝宁的科托努港，多哥的洛美港。

世界港口概述　　　　　世界主要港口（一）　　　　世界主要港口（二）

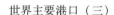

世界主要港口（三）　　　世界主要港口（四）

第五节　海洋经济与产业范畴

海洋产业是海洋经济的构成主体和基础，也是海洋经济存在和发展的前提条件。要了解海洋产业与海洋经济，首先需要明确相关概念。广义海洋经济概念与狭义海洋经济概念：海洋经济最初是作为一个经济发展的地理学派模型由美国经济学家、毕业于哈佛大学杰弗里·萨克斯（Jeffrey Sachs）提出。杰弗里·萨克斯主要研究可持续发展经济学，他作为联合国可持续发展解决方案联盟主任，提出世界经济要调整发展方式，才能确保实现可持续发展。经济发展不仅要提升整体的生产水平，同时也要确保社会包容性以及环境的可持续性。他的研究小组发布的美国经济研究局报告和世界银行研究报告指出了经济发展与三大地理学变量的关系：①与国家面积占热带区域的比例呈负相关；②与距离海岸线

100 千米的滨海人口占国家总人口的比例呈正相关；③与国家距离主要港口的远近呈一定相关性。滨海港口可以带动所有产业经济的快速发展，因此，这一海洋经济概念又称为滨海经济（coastal economy），是一个广义的概念。从经济发展历史来看，滨海经济可以分为三个层次：一是依托重要港口大宗资源交通便利的滨海石化产业、滨海制造产业；二是依托滨海创新文化的科技产业；三是依托滨海绵延城市带生活的高端服务业。

随着海洋与经济之间的关联受到越来越广泛的关注，美国国会于 2000 年的第 106 届会议上通过了海洋行动法案，成立一个专业的海洋政策委员会（The US Commission on Ocean Policy）来负责研究美国的国家海洋政策。该委员会委托美国蓝色经济中心（The National Ocean Economics Program）详细研究"海洋经济"的概念，后者认为需要提出狭义的"海洋经济"概念，从而将"直接利用海洋空间资源和自然资源的海洋经济的构成"单列出来。经过数年的研究，海洋政策委员会在 2004 年发布了一份备受关注且覆盖面广泛的报告——《21 世纪海洋蓝图》（*An Ocean Blueprint for the 21st Century*）。该报告指出：美国是一个海洋国家（An Ocean Nation），美国的海洋专属经济区拥有多样化的生态系统和丰厚的自然资源，包括渔业、能源和矿产资源，美国的专属经济区包含 20 930 千米的滨海岸线、1 145 万平方千米的海域面积，其范围超过了美国 50 个州的陆地面积。该报告指出了狭义"海洋经济"（ocean economy）和"滨海经济"两个概念的差别：海洋经济是指经济中依靠海洋作为生产过程的投入的部分，或者由于地理位置的原因，发生在海洋上或海洋下的部分；滨海经济是指发生在海岸或附近的那部分经济活动。这个狭义的海洋经济概念，认为其经济范畴中主要包括如下几个方面。

（1）生物资源（Living resources）：渔业捕捞和加工、水产养殖、海藻资源。

（2）海洋工程建筑业（Marine construction）：建设码头和船坞、疏浚、海滩重建。

（3）海洋交通运输业（Marine transportation）：货运和客运。

（4）海洋油气矿产业（Offshore mineral extraction）：石油和天然气、矿石，其他矿物资源等。

（5）海洋船舶工业（Ship and boat building）：各类海洋船舶的设计、制造、修理和维护。

（6）滨海旅游业（Tourism and recreation）：餐馆、住宿、娱乐服务、游艇码头、船舶经销商。

（7）海洋科研（Scientific Research）：海洋学、生物学、生态学研究。

（8）政府治理（Government）：使用或管理海洋资源的各级机构。

在后续的研究中又认为，海洋渔业、海洋工程建筑业、海洋交通运输业、海洋油气矿产业、海洋船舶工业、滨海旅游业六大产业板块更宜于政府部门来进行统计，这就是美国现行的一种狭义的海洋产业经济的概念，至 2009 年形成了相对严密的体系。2010 年，美国首次成立了隶属于美国总统办公室的国家海洋委员会，指定由美国国家海洋和大气管理局负责协调，对上述六大产业的经济运行状况进行统计和分析，形成美国海洋经济报告。2016 年度发布的《海洋与大湖经济》报告指出，美国的海洋经济共有 15.4 万个企业单位，雇佣人员 330 万人，占美国全部雇佣人员的 2.3%，支付工资为 1 290 亿美元，创造的国民生产总值（GDP）为 3 040 亿美元，占美国国内生产总值（GDP）的 1.6%。

我国对于海洋产业的分类更加细致。海洋产业是指开发、利用和保护海洋所进行的生产和服务活动，包括海洋渔业（海洋捕捞业和海水养殖业）、沿海滩涂种植业、海洋水产品加工业、海洋油气业、海洋矿业、海洋盐业、海洋船舶业、海洋工程装备制造业、海洋化工业、海洋药物和生产制品业、海洋工程建筑业、海洋电力业、海水淡化与综合利用业、海洋交通运输业、和海洋旅游业。

人类开发海洋、利用海洋的方式，大致可分为直接利用和间接利用两种，开发利用的海洋资源可分为空间资源和自然资源两种资源类型。直接利用的产业模式所利用的海洋要素以远洋、近海、临海为主，间接利用的产业模式所利用的海洋要素可分布在临港、临海、近岸腹地及内陆。其中，港口又具备独特的拉动经济整体布局的功能，对其他产业的发展具有辐射力，尤其对于规模化利用物流交换的产业和特别需要信息交换的产业具有显著的支撑作用。

虽然广义的海洋经济概念更受政府的关注，它与经济发展的联系也更为密切，但其重点更多地是关注临港产业的发展、物流对资源配置的优化等经济学领域的内容。而本书还是希望能够对海洋的自然资源和空间资源所带来的经济贡献做专业性的介绍，因此，本章要开展讨论的是狭义的海洋经济及其发展策略。经济是由产业所构成的，我们将重点介绍狭义海洋经济范畴下的海洋产业。根据各个产业领域对海洋经济的贡献程度，本章接下来将重点探讨海洋渔业、海洋交通运输业、海洋船舶工业、海洋油气业和绿色港航等内容。虽然海洋旅游业在海洋经济中的占比很大，但由于其界定比较困难，在此暂且不做讨论。

第六节　海洋渔业

海洋渔业包括海水养殖、海洋捕捞方面的专业及辅助性活动。其中，海洋捕捞属于采集性工业，海水养殖分为鱼虾类、贝类和藻类三大养殖类型。根据距海岸远近，可分为近海、外海和远洋渔业。海洋渔业是现代农业和海洋经济的重要组成部分。根据联合国粮农组织（FAO）2022 年报告，2020 年全球海洋捕捞量为 7 880 万吨，海水养殖产量为 3 310 万吨（见图 5 - 9）。统计数据显示，超过 3 亿人依靠海洋渔业谋生，其中超过 50% 的渔民生活在发展中国家。海洋渔业不仅为数百万人提供就业机会，也为全球经济做出重要贡献，向世界各地提供了大量海产品。

我国海岸线长、大陆架面积大，沿海有暖流、寒流交汇，沿岸岛屿星罗棋布，港湾较多，滩涂面积广阔，这些都是发展海洋渔业的有利条件。

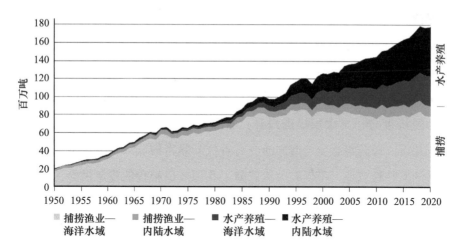

图 5 - 9　世界捕捞渔业和水产养殖产量（引自 FAO《2022 世界渔业和水产养殖状况》）

（注：不含水生哺乳动物、鳄鱼和藻类）

当前，我国已是世界最大的渔业生产国。20 世纪 70 年代以前，海洋渔业以传统捕捞为主，捕捞手段原始粗放，效率低下。改革开放之后，科学技术日新月异，我国对渔业经济体制进行了有效的变革，海洋渔业生产开始进入快速发展轨道。到 20 世纪 80 年代中期，全国海洋渔业资源的年捕捞量达到 500 万 ~ 570 万吨。同时，外海和远洋捕捞开始发展。截至 1994 年，我国远洋捕捞年渔获量达到 70 多万吨。同时，我国的海水养殖业也蓬勃发展。在 1992 年全国海洋渔获量为 934 万吨，而海水养殖产量就占了近 1/4，达 242 万吨。此后，我国的海水养殖产量年年位居世界第一，自此踏入世界海洋渔业的主要生产国行列。

近年来，我国的海洋年捕捞量、海水年养殖量分别占世界海洋捕捞产量的 15% 左右和世界养殖总产量的 70% 以上，基本上保持在 1 300 万吨左右。根据《中国渔业统计年鉴》数据，2021 年我国海洋渔业机动渔船数量达到了近 35.70 万艘，非机动渔船 16.39 万艘。海洋渔获量增长至 2 303 万吨，海洋渔业总产值达 4 301 亿元，海产品总产量有 3 387 万吨，自 1989 年后已连续 22 年位列世界第一。另外，我国也是世界排名第一位的水产品贸易大国。从 2002 年开始，我国水产品出口名列世界第一位，此后连续多年保持。

随之而来的是渔业经济的发展，我国海洋渔业的产业基础也渐渐巩固——从最开始捕鱼捞虾的小生产，逐渐发展为社会化大生产的模式，涵盖捕捞、养殖、加工、贸易和科研，而且辐射到相关行业，带动起庞大的濒海经济带与一个大规模的海洋产业群。据相关统计，饲料、食品、机械、化工、医药等行业与海洋渔业有着极其紧密的联系，是我国发展海洋经济的支柱性产业，不仅有力地保障了我国人民粮食的稳定供给，而且可以改善人民的食物结构，有力地解决沿海居民的就业问题。然而，随着人类对渔业资源的需求不断增加，海洋渔业也面临着许多挑战和问题。

目前，我国海洋渔业主要存在三个问题。

一是海洋渔业资源衰退。目前，我国海洋捕捞业已经发展到了一个非常关键的时期。近海大部分渔业资源品种也出现数量下降、低值化、低龄化的现象。这直接反映在渔获物的构成上，例如近岸鱼类，已从大规格、高价值种类转为小规格、低价值种类，从底栖和肉食性的上层种类转为浮游生物食性的下层种类，从成熟个体转为不成熟个体。有关研究表明，我国东海、黄海渔业资源于20世纪70年代后期出现衰退，传统经济渔业资源如大黄鱼、小黄鱼、乌贼等产量急剧减少。造成这种现象的一个重要因素就是捕捞过度，而大多数人口密集的沿海地区过度捕捞现象尤为严重，渔民没有充分认识到渔业资源的有限性，加上经济利益的驱使，捕捞强度一直居高不下。渔业资源开发的"无序、无度、无偿"状态一直存在，资源衰退状况未得到根本扭转。另外，海洋养殖业的品种退化问题以及养殖病害问题也加剧了渔业资源的衰退，尤其是近年来，养殖业品种结构没有及时调整好，出现了品种种质不断退化、良种的覆盖率普遍较低、品种更新较慢等问题。而近海和内陆水域的污染加剧，使养殖生态环境持续恶化、病害猖獗，由此严重制约了养殖业的发展，影响最终经济效益的提高。

二是海洋渔业生态环境恶化。根据报道，目前我国渔业生态环境还保持着总体良好的状态，但局部水域污染严重对渔业经济的可持续发展影响极大。渔业经济发展面临日趋严峻的局部水域污染问题，加剧了渔业资源的衰退，使捕捞业、养殖业等经济损失极大。一方面，填海、筑坝等海岸工程的建设破坏沿海生态环境，对鱼、虾、贝类的产卵场所造成极大破坏，使其失去生长繁殖的良好环境，继而打乱其固有的生活规律；另一方面，随着工业的发展和城市的扩张，大量的工业废水、有毒物质及城市垃圾倾入江河流入海洋，沿海地区的农药、化肥等也流入海洋，海底石油开采、船舶污水排放等都会造成海洋水质的污染。

三是落后的渔业经济增长方式。渔业经济增长方式落后，使渔业经济的可持续发展缺乏内生力量。随着渔业经济的发展，一些产业结构方面的问题逐渐突显出来，例如不平衡的地区性结构、不合理的品种层次结构、发展严重滞后的第二和第三产业等。在我国的渔业经济总产值中，第一产业创造了大部分的产值，而这部分科技含量相对较低；相反，我国在水产品深加工、产业化方面水平较低，产值占有率不高。

为了有效应对出现的问题，我国主要采取了以下对策。

一是大力保护与恢复渔业资源。首先是要保证捕捞"零增长"方针的落实，以各种措施实现沿海渔民的转产转业，持续促进渔业资源的有效恢复。其次是要"资产化"管理渔业资源，制定相应的标准，由渔业管理部门向渔业资源的经营者适当征收资源耗竭补偿费与资源税。其三是要在国际、不同的区域间积极开展渔业资源相关方面的合作，各国在追求共同利益的基础上，通过"双赢""多赢"模式的合作，使一些区域性的渔业资源能够得到可持续发展。最后是针对性地开展以鱼类为主的渔业资源增殖放流活动，这将有助于渔业资源的恢复和水生生物多样性的保护，并提高渔民乃至全社会自觉保护渔业资源及其生态环境的意识。

二是加强保护渔业生态环境。首先要坚决执行《中华人民共和国渔业法》《中华人民共和国海洋环境保护法》等相关法律法规，做到"有法必依，执法必严，违法必究"，同时加大海洋环保的宣传教育力度，让公民、企事业单位认识并深入理解保护渔业生态环境的重要性，自觉守法，遵守有关规定，共同参与维护好渔业环境。另外，常规性监测重要的渔业水域，如增养殖水域、鱼类产卵场和鱼类洄游通道等，通过建立海洋环境监测网络，实时掌握相关信息并定期公布渔业环境监测数据，加强监视涉及渔业水域生态环境的各项活动，尤其是对渔业水域环境产生影响的污染来源，尽可能地预防污染事故的发生，防患于未然。

三是优化调整渔业产业结构。要保证渔业经济的可持续发展，必须调整与优化渔业产业结构。首先，对于第一产业，应积极拓展养殖业并加大力度发展远洋渔业，同时压缩近海和外海捕捞强度。相关政府部门应鼓励对现有渔业资源整合，如采取财税措施让企业改进经营模式，开拓远洋捕捞。其次，对于第二产业，一定要提高渔业加工水平、产业化水平，以提高产品档次为目标，由水产品精深加工、水产保健品、医药品等起步，逐渐提高产品的科技含量。第三，要切实促成第三产业的大力发展。国际渔业发展经验表明，第三产业是海洋渔业经济中最有发展潜力的产业之一。目前亟须发展的相关行业，包括与渔业经济发展相配套的科技、市场建设等相关服务业，还有就是休闲渔业、滨海旅游业。

四是加快科技创新，转变渔业经济增长方式。传统的渔业经济发展仅仅追求经济效益，这已不能适应现阶段的发展要求。新的发展目标应同时追求"三大效益"，应将生产自由无序化的旧模式转变为规范化、标准化的新模式，从而实现经济增长方式的转变，最终达到改善海洋生态环境的目的，实现海洋渔业可持续发展的目标，加快科技创新，转变渔业经济增长方式，努力实现渔业的"三个转变"，即由传统品种养殖为主向名特优新品种养殖为主的转变，由海上粗养为主向沿岸集约化精养为主的转变，由多限于内湾生产为主向外部深水域扩展为主的转变。同时，加强科研推广，大力扶持各类示范基地的创办，大力发展科技型渔业、生态型渔业、创汇型渔业，持续不断地拓宽渔业经济增长途径，实现渔业经济的可持续发展。

中国渔业资源的重建实践：以东海渔业资源重建为例

海洋渔业资源保护和恢复是联合国"2030 年可持续发展议程"的重要目标之一，是党的十九大以来建设海洋生态文明的重大战略目标。全球渔业资源衰退起始于 20 世纪 80 年代，主要由捕捞过度等引起。最有标志性的案例是大西洋鳕鱼资源，1970 年捕捞产量达到 180 万吨，然后急剧衰退至 1990 年不足 10 万吨，导致加拿大关闭纽芬兰的鳕鱼渔场；其次是中国东海野生大黄鱼资源，1975 年捕捞产量达到 15 万吨，然后急剧衰退至 1990 年的不足 1 000 吨，导致东海野生大黄鱼几乎灭绝。加拿大政府近年来致力于鳕鱼资源重建，其政府官员德威（Dwyer）说："我们正通过与美国和欧盟的科技合作，建立一个基于科学的重建计划，维护海洋健康是我们对未来子孙后代的责任。"

从海洋生态文明的角度来看，根据联合国"2030 年可持续发展议程"，其首要目标是确保海洋渔业资源的安全。因此，对于东海海域来说，其首要目标是重新让以舟山渔场为代表的浙江海域成为渔业资源的旺发区。

以浙江渔场为中心的东海区渔场包括东海的全部和南黄海的一部分，是我国最大的渔场，也是全球著名渔区之一，自古以来因渔业资源丰富而闻名，是浙江省、江苏省、福建省和上海市三省一市渔民的传统作业区域。东海区渔场受台湾暖流和沿岸寒流的交汇影响，加上长江水系带来丰富的饵料，为当地的水生动物提供了很好的物质环境。而东海海域以舟山渔场附近海域的初级生产力为最高，这是舟山渔场形成的关键食物供给基础，也是我国渔业资源较好、生产力最高的海域，全国海洋捕捞产量一半以上来自该渔场。由于人类过度捕捞、粗放式养殖及陆源污染，东海区渔场出现退化甚至"荒漠化"现象，直接影响了海洋生物的生存，传统海洋捕捞及海水养殖发展困境重重。目前，东海区渔场海洋渔业产量虽有 420 余万吨，占国内捕捞产量的 40%，但更多的是小型低值渔获物，而四大海鱼之首的大黄鱼产量不足 500 吨，甚至每次渔民捕获到成体大黄鱼都会成为网络新闻，这与该海域的渔业资源承载容量（20 世纪六七十年代产量最高为 15 万吨）相比，远远满足不了老百姓对优质水产品的需求。

鉴于东海野生大黄鱼资源的珍贵性和恢复性，我们应该以其为旗舰鱼种，以资源重建为技术核心，示范创建国家级东海渔业资源新高地，为建设我国海洋生态文明、蓝色粮仓提供战略支撑。

我国于 20 世纪 80 年代开始对渔业资源和海洋环境污染实施监测评估与修复管理，但只针对南海、东海等近海海域开展了个别年份的渔业资源科考调查，渔业资源数据资料是不连续的，也是不够完整的；在海洋渔业开发与养护方面，制定了《中华人民共和国渔业法》，实施了渔船数量控制与功率控制的"双控"政策、"渔船登记与备案""装备与网具最小尺寸管理""禁渔区"与"禁渔期"等一系列渔业资源开发与养护并举的管理措施，同时积极推进人工鱼礁投放、增殖放流和海洋牧场建设，但渔业资源利用与养护效果还不尽人意。

究其原因，可分析如下：要实现海洋渔业资源特别是游泳性鱼类资源保护和恢复，必须满足四个基本条件：①自然条件，该海域处于海洋锋面区域，具有丰富的海洋鱼类赖以摄食生长的食物链资源；②政策条件，该海域具有良好的管理措施；③资源条件，该海域拥有重要经济价值的海洋鱼类种类和种质资源；④技术条件，该海域具备海洋渔业资源重建的关键创新技术。

对照以上四个必备条件，可以发现：

（1）对于我国来说，浙江舟山渔场是我国海域海洋锋面区域面积最大、海洋鱼类食物资源最丰富的区域，最具备野生海洋鱼类资源恢复的自然条件。

（2）浙江舟山渔场是我国农业部认定的第一个国家绿色渔业基地，通过实施"一打三整治"等渔场振兴管理措施，已具备渔业资源科学化管理的政策条件。

（3）浙江传统渔业资源中的野生大黄鱼为我国经济价值与消费品牌认可度最高的品种，近几年舟山岱衢洋大黄鱼育苗成功，已成为提供必要的种质资源补充的资源条件。

（4）当前唯一缺乏的条件，是能够创造和推进野生大黄鱼资源重建的重大产业创新技术，这是一项"卡脖子技术"。

上述的最后一项之所以是"卡脖子技术"，是因为当前所用的技术存在以下几个问题：

一是东海渔场渔业资源生物栖息地建设主要是混凝土或钢制人工鱼礁投放、个别资源产卵场保护，注重的是投放，而适应性和针对性严重不足，生物野外训练欠缺，适应海洋生存成长能力低，生物资源没有得到系统养护；

二是渔业资源监测评估主要是通过资源调查、生产资料、渔业数据和市场环节数据，主要来源于地方定点抽样调查资料，缺少捕捞源头跟踪、流通、市场等全产业链数据，定点抽样数据具有一定代表性，但也存在统计样本有偏差与数据的准确性不高等问题，监测滞后于管理利用；

三是资源增殖主要是靠政府每年实施的增殖放流计划，重放流轻评估、重放流轻长成、重数量轻质量、重整体轻局部、重经济轻技术，没有人能精确回答放流效果，极大地降低了资源增殖的效果；

四是目前渔业资源恢复工作主要应用传统的方式、方法和平台技术，装备技术、人工智能落后，没有进行系统拓展，成效不明显，特别是针对大黄鱼等主要资源的恢复没有实质性进展。

归纳起来，最本质的问题是如何提高增殖放流的存活率和缺少一个以智能化装备为支撑的海洋渔业资源重建的栖息地。如果借鉴大熊猫野生资源恢复的成功路径来看，其关键在于缺少野外训练这个关键步骤，导致人工孵化养殖的幼鱼无法适应海洋环境。因此，应从东海主要渔业资源重建角度出发，选择野生大黄鱼为典型种类，推进东海渔业资源的示范性重建，通过智能装备与关键技术的集成应用，在特定海域加强投饵场所与栖息中心建设，形成定居化生态增殖栖息地；研发应用智能装备技术，实施期内进行主要渔业生物（大黄鱼）增殖苗种/成鱼投放，突破群体野化训练与季节性定居这一"卡脖子技术"，重建野生群体种质资源与栖息地，创新野化训练与集聚化的智能技术系统，通过野外训练后的渔业资源可作为资源重建的"生力军"，以逐步完成海域范围的渔业资源增殖恢复。

通过提升战略谋划与科技创新高度，充分挖掘浙江海洋经济的地理优势、渔业资源种类优势，整合科技创新资源，完全有能力将浙江海域打造成国家级东海渔业资源重建新高地。通过重要渔业资源的重建，可以打造新型全域化海洋牧场。浙江海洋牧场必须走创新发展之路，当前所采用的以简单的增殖放流和人工渔礁建设为主要手段的方法，无法匹配浙江渔业资源种类的特点和特色。如果采取以野外训练构建鱼类资源"生力军"，然后重新确立其洄游路线的科学管理模式，则有望形成养—钓—捕的新型生产方式，成为真正意义上的开放式全海域海洋牧场。

第七节　海洋船舶工业

海洋船舶工业包括海洋船舶制造、海洋船舶改装拆除与修理、海洋船舶配套设备制造、海洋航标器材制造等行业活动。海洋船舶工业事关水上交通、海洋开发及国防建设，所以是海洋经济的重要组成部分，也是国家安全和国防建设的重要支撑。海洋船舶工业涉及多个领域，如商用船舶、客运船舶、液化天然气/液化石油气运输船舶、特殊用途船舶等。

目前，海洋船舶工业的主要生产国家集中在东亚地区，中国、韩国、日本是全球最大的三个造船国，占据了全球造船市场的绝大部分份额。从衡量造船业的三大指标来看，在2022年，中国船厂首次在接单量、完工量和手持订单量三大指标上全面超越日韩船企。据中国船舶工业行业协会报告，2022年，我国造船完工量、新接订单量和手持订单量以载重吨计分别占全球总量的47.3%、55.2%和49.0%，以修正总吨计分别占43.5%、

49.8%和42.8%，各项指标国际市场份额均保持世界第一。①

中国的造船业在全球市场上具有较强的竞争优势，主要表现在以下方面：

（1）中国的造船业拥有完善的产业链和配套体系，能够生产各类船舶及其相关设备，满足不同客户的需求。

（2）中国的造船业具有较高的技术水平和创新能力，能够开发和制造高附加值、高技术含量的船舶，如超大型邮轮、核动力船舶、深海开采设备等。

（3）中国的造船业具有较强的成本控制能力和价格竞争力，能够利用规模效应、资源优势、人力成本优势等因素，降低生产成本，提高利润率。

（4）中国的造船业具有较好的市场开拓能力和服务能力，能够积极适应国际市场的变化，开拓新的市场和客户，提供优质的售前、售中和售后服务。

除了中国，其他国家和地区的造船业也有各自的特点和优势。例如，韩国的造船业以生产大型液化天然气运输船舶、石油钻井平台等高端船舶为主，具有较高的技术水平和品牌影响力；日本的造船业以生产高效节能的散货船、集装箱船等中小型船舶为主，具有较高的质量和信誉；欧洲的造船业以生产邮轮、军舰、渡轮等特殊用途船舶为主，具有较高的设计水平和创新能力。

海洋船舶工业是一个充满机遇和挑战的产业，未来的发展趋势主要包括以下几个方面：

（1）绿色低碳化。随着全球对环境保护和气候变化的关注度提高，海洋船舶工业需要加强节能减排，开发和应用新能源船舶，如电动船舶、氢燃料电池船舶、风力船舶等，降低船舶对环境的影响。

---

① 孔德晨：《三大指标居全球第一，造船业持续领跑（"中国制造"发力新赛道）》，载《人民日报》（海外版），2023年08月17日，第04版。

（2）智能化。随着信息技术和人工智能的发展，海洋船舶工业需要加强智能化，利用大数据、云计算、物联网、5G等技术，提高船舶的自动化、数字化和网络化水平，提高船舶的安全性、效率和舒适性。

（3）多元化。随着全球经济的复苏和海洋资源的开发，海洋船舶工业需要加强多元化，开发和制造更多种类、更多功能、更多用途的船舶，满足不同领域和不同客户的需求。

总之，海洋船舶工业是一个具有全球性、战略性、前瞻性的产业，对于推动全球贸易和经济的发展，保障国家的安全和利益，促进人类的文明和进步，都有着重要的作用和意义。海洋船舶工业的发展需要各国的共同努力和合作，实现互利共赢，共同应对挑战，共同创造机遇，共同开拓未来。

第八节　海洋油气业

海洋油气业是指在海洋中勘探、开采、输送、加工石油和天然气的生产和服务活动。随着陆地资源的日益减少，人类开始将目光投向广阔的海洋，开发利用海洋资源。海洋油气业的起源可以追溯到19世纪末，当时美国在加利福尼亚州的圣巴巴拉海岸发现了海上油气田，并在海岸附近的木桩上建立了第一个海上钻井平台。随着技术的进步和油气需求的增长，海洋油气业逐渐向更深的水域和更远的地区扩展，如墨西哥湾、北海、波斯湾、巴西大陆架等。20世纪下半叶，海洋油气业经历了快速的发展，出现了许多创新性技术和设备，如半潜式钻井平台、动态定位系统、水下生产系统、深水管道等。海洋油气业不仅为世界各国提供了大量的能源资源，也促进了海洋科学、工程和管理等领域的发展。

据估计，全球约有70%的石油和天然气资源藏于海底，总储量高达2 000亿吨油当量。海洋油气主要分布在大陆边缘的大陆架上，水深在200米以内的区域。目前，全球海洋油田的开发率仅有30%左右，未来仍有广阔的开发空间。2022年，全球海洋石油日产量约为3 050万桶，占全球石油日产量的30%。主要的海洋油气生产国有美国、巴西、墨西哥、挪威、英国等。美国墨西哥湾的石油产量最大，2022年日产约为170万桶。北海是欧洲最大的海洋油气基地，日产量约为100万桶。

海洋油气开采主要采用海底固定采油平台和浮式生产系统两种方式。固定采油平台将平台固定在海底钻井开采，适用于水深在500米以内的海域。而浮式生产系统利用定位系统固定在目标海域，可以适应较深水域的开发，目前已能应用于水深3 000米的海域。

近年来，各国积极开发深海及极地的油气资源。例如，美国成功开发墨西哥湾的深水油田，日产量超过100万桶。挪威在巴伦支海北极圈内的斯诺夫油田也实现商业化开采。2022年我国海洋油气勘探开发取得重大突破，海洋石油、天然气产量占全国增量的一半以上。[1] 随着深水开采技术的进步，预计未来深海油气资源的开发将持续扩大。

尽管在世界范围内海洋油气业发展已经取得了长足进步，但其依然面临诸多挑战。首先，勘探和开发海底油气资源的技术难度和成本较高，需要大量资金和人力投入。其次，海洋油气业增加了环境风险和海洋生态系统的压力，如原油泄漏、污染、噪声干扰等。此外，随着全球经济转型和能源结构变革，海洋油气业将面临日益激烈的竞争和市场压力。

未来，随着科技的不断进步和环境保护意识的提高，海洋油气业将呈现出新的发展趋势。首先，新的勘探和开发技术将不断涌现，如立体声地震勘探技术、水下机器人、无人机等，将有助于降低勘探成本和提高资源利用率。其次，海洋生态环境和环保监管将更加受到重视，行业标准和规范将逐渐完善和严格化。政策上，各国政府也将陆续出台更加严格的环保法规，以确保海洋油气业的可持续发展。在技术方面，新兴技术将为海洋油气业带来更多的机遇。比如，立体声地震勘探技术可以在不影响海洋野

---

[1] 王震，等：《中国海洋能源发展报告2022》，北京：石油工业出版社，2022年。

生动物的情况下获取海底地质信息，解决了传统勘探的噪声干扰问题；水下机器人可以执行更多的任务，包括检查设备、维修漏油部位等，从而降低了勘探和开发的成本和风险。此外，无人机和卫星技术也可以提供更加精准的数据和图像，帮助石油公司更好地管理和监测海洋油气资源。在环保方面，各国政府将加强对海上能源开发的监管力度，以确保环境安全。比如，挪威政府推出了"零排放计划"，计划到 2050 年使其石油和天然气产业实现碳中和；美国政府也在不断强化针对海洋油气业的环保标准，以降低海上作业对生态系统的影响。

总体来看，海洋油气业仍处于上升期，资源勘探和开采量都在持续增长。随着开采技术的进步，各国正在加快开发海洋能源，预计未来海洋油气产量将继续扩大，对缓解全球能源紧缺，保障能源安全发挥重要作用。同时，各国也在加强海洋环境保护，实现油气资源的可持续利用，为全球能源安全做出贡献。

第九节　海上交通运输业

海洋交通运输业是指以船舶为主要工具从事海洋运输以及为海洋运输提供服务的活动，包含海上货物运输和海上旅客运输等多个子行业。海上货物运输是现代海洋交通运输业的主要组成部分，包括集装箱运输、散货运输、液态货物运输和干散货运输等。随着全球贸易的不断发展和扩大，海上货运的需求不断增加，同时也推动着海洋运输技术的不断发展和进步。海上旅客运输是指通过包括沿海、远洋客轮的运输活动和以客运为主的沿海、远洋运输活动。随着人们生活水平的不断提高，海上观光成为一种受欢迎的旅游方式。在一些国家和地区，海上客运也是重要的公共交通运输方式。海底管道运输是指通过海底管道运输气体、液体（如石油、天然气、淡水）等活动，也是现代海洋交通运输业中重要的组成部分。除了上述的主要组成部分，现代海洋交通运输业还包括沿海港口、海洋运输辅助活动方面，这些领域都是现代海洋交通运输业中不可或缺的一部分。由于各个子行业的复杂性，本节不再对其进行详细的讨论。

当前，海洋交通运输业具有以下几个显著的特点：

（1）规模大、范围广：海洋交通运输业是目前世界上最主要的运输方式，占全球货物运输量的80%以上，占全球货物运输周转量的70%以上。海洋交通运输业涉及全球各大洲和海域，连接了世界各国和地区，是全球经济和贸易的重要基础保障。

（2）技术先进、创新快：海洋交通运输业是一个技术密集的行业，随着信息技术、智能技术、绿色技术等新技术的应用和发展，海洋交通运输技术不断创新和变革，提高了海洋交通运输业的效率和安全性，同时也改变了海洋交通运输业的组织和管理模式。

（3）结构复杂、类型多样：海洋交通运输业包括多种运输方式和服务形式，如干散货运输、集装箱运输、油品运输、客运、港口、保险、经纪等。每种方式和服务都有其自身的特点和规律，需要不同的船舶、设备、技术和管理。

（4）竞争激烈、风险高：海洋交通运输业是一个高度市场化的行业，受到供需、价格、政策、环境等多方面的影响，竞争十分激烈。同时，海洋交通运输业也面临着海上安全、海洋污染、气候变化、海盗袭击等多种风险，需要高度的警惕和应对。

海洋交通运输业的发展趋势主要受到全球经济和贸易及海洋交通运输技术的创新和变革等方面的影响。海洋交通运输业是全球经济和贸易的重要基础保障，随着全球经济和贸易的复苏和增长，对海洋交通运输业的需求也将增加。海洋交通运输技术是海洋交通运输业的核心竞争力，随着信息技术、智能技术、绿色技术等新技术的发展和应用，海洋交通运输技术将呈现创新和变革的态势，这将为海洋交通运输业带来新的优势和挑战。例如，数字化、网络化、智能化、自动化等技术的应用，将提高海洋交通运输业的效率和安全性，同时也将改变海洋交通运输业的组织和管理模式；低碳化、清洁化、循环化等技术的应用，将降低海洋交通运输业的能耗和排放，同时也将提高海洋交通运输业的社会责任和形象；多模式、多功能、多场景等技术的应用，将拓展海洋交通运输业的服务范围和内容，同时也将增加海洋交通运输业的复杂性和风险性。

综上所述，海洋交通运输业是海洋经济的重要组成部分，也是人类对海洋的认识和利用的体现，又是人类对海洋的依赖和影响的结果。海洋交通运输业的发展需要与海洋的可持续发展相协调，实现人类与海洋的和谐共生。

第十节　绿色港航

绿色港航是指船舶在港口停泊、装卸货物、进行维修等作业过程中，尽可能减少对环境的影响，实现绿色环保的港口运营模式。随着全球环境意识的增强和可持续发展理念的普及，绿色港航逐渐成为国际港口的发展趋势。联合国贸易与发展会议于2009年2月在哥本哈根召开"海洋运输与全球气候挑战"主题会议。其背景是：国际贸易的80%来自海上运输，由此排放的二氧化碳占全球二氧化碳排放的1.6%～4.1%，并且预计按照目前速度发展，至2050年，海洋运输所排放的温室效应气体将增加3倍。会议主要讨论的议题包括国际航运产生的温室效应气体排放，航运与交通结构和气候变化的关系，变革的需要，船舶和港口的节能减排措施，政策与管理条例的现状，财政、投资、技术和能源安全的相互关系。

绿色港航将成为世界贸易新的"技术壁垒"。绿色港口和生态港口的发展实践表明，港口的空间范畴已从传统的港口拓展了到港口生态圈，并且发达国家都相继进行技术创新以及出台了一些新的法律和标准。这些新的法律与技术标准很可能对发展中国家构成新的"技术壁垒"。这种技术壁垒在近年来的农产品、机电、纺织等行业的国际贸易中已经成为欧美及日本等发达国家的杀手锏。它通常表现为：工业化国家将制定高于发展中国家的环境质量标准准入条件并作为限制进口的手段，颁布复杂多样的环境法规、条例，建立严格的环保技术标准、检验认证审批程序，实施环境标志制度，从而使传统的贸易壁垒逐步转变为"绿色壁垒"。例如，在率先开展绿色港航的美国长滩港实施的"绿旗"计划中，对符合其能源节省技术标准的船舶可以降低15%的码头使用费。欧美国家港口在强化生态环境、能源交通立法之后，也会同样要求其他国家港口进行对应的硬件及软件建设，并且以此作为贸易谈判的优惠要求。

　　绿色港航的重点管理目标：推进绿色港航发展主要是要实现"三化"，即港口管理绿色化、港口产业绿色化和港口环境绿色化。

　　（1）港口管理绿色化，将港口的环境效率作为管理的核心思想之一，开发一整套绿色管理方法，可以借鉴欧盟绿色港口的管理体系。首先是港口自我诊断，由港口管理人员与专业学术机构共同协作制订问卷表，帮助港口发现、确定主要的环境问题。该工具主要是一个简明的清单，使港口管理人员可以对港口环境计划进行评价。所有港口管理者的回答将输入数据库作为基底，然后，根据这些回复进行态势分析（SWOT法）和差距分析（GAP法）等战略性评价，提出有针对性的绿色港航计划方案。按照一个特定的标准评价港口的实际环境状况，指出港口环境的优先考虑要点，评价港口发展战略计划或特定港口事件中的环境影响，按照ISO 14001进行具体的操作，制定港口环境报告制度。其次是港口与港口的协作交流，通过港口管理者对于设计问卷的反馈，通过会议和多媒体等对问卷回复的培训，以及通过会议交流环境政策制定的经验，形成一个在港口联盟范围内相互提高的环境问题解决方案库，形成管理合作的网络。再次，制定针对性的切实可行的环境效率指数，可以是定量指标和定性指标相结合。这些指标能够反映港口的主要生态环境导向，指出绿色港航的现状、目标，可以评价某些措施执行后的效率。当然，也必须看到，生态环境效率指标并非万能，也常常难以观察出短期的变化。最后，建立港口环境评价体系。建立公众具有知情权的港口环境战略和实施办法，定期讨论必需的立法制度改革，提出公众具有知情权的年度环境评价报告，特别是指标变化，就有关环境计划与港口区域社区充分开展咨询。

（2）港口产业绿色化。其目标导向是资源循环导向、交通效率导向、产业低碳导向。合理的港口与临港工业空间配置及产业配置是节能减排的关键，因此，在港口的物理空间布局上要进行基于资源循环利用、生态环境容量可控的设计。实现无障碍物流的港口联盟或港口组合是国际竞争力的主要体现，要着力推动陆上交通、海上交通的大联合，尽量减少交通拥堵、船舶留滞、低效率能源供应、低标准燃料排放所造成的环境损耗。对于达到生态效率绿色指标的港口产业发放生态港航建设证书。

（3）港口环境绿色化。港口是对滨海环境具有重大影响的人类活动，随着贸易往来增多，许多国际化港口面临环境威胁。例如，随着压载水带来的入侵生物孢子、新型赤潮物种，港口及其临港工业带来的溢油污染、持续性难降解有机物污染、原油或石油化工产品暴露造成的海洋生态环境潜在威胁，港口和临港工业排放酸性气体和悬浮颗粒在滨海海域的漂移、扩散与沉积。对这些环境影响都必须制定预防控制措施和应急预案。同时，港口与临港工业有责任推动低碳技术，实施生态环境保护的补偿。例如，建立环境保育基金，在港口生态环境效应边界区域建立缓冲区和生态修复隔离带，尽最大可能保护周边的海洋生物多样性和环境空气质量，实现绿色港航和海洋经济升级的可持续发展。

美国的绿色港航实践

美国以激励性经济政策引导，控制船舶排放，减少水域和空气污染。

首先是实施"健康港口计划"。美国长滩港是发展绿色港航的成功典范。自 2002 年以来，长滩港推行基于生态环境保护的健康港口计划，其主要措施包括：制定空气质量、水质质量、自然海洋生物、沉积物质量改善的指标和五年削减计划。重点在于将逐步降低船舶废气排放、减少港口油烟污染，以此作为实现上述目标的重要措施之一。其中，将三种主要空气污染物，即柴油颗粒物（DPM）、氮氧化物（NOx）、硫氧化物（SOx）的排放量削减为45%，通过经济刺激政策等（如鼓励低排放船只优先处理的绿旗政策、倡导使用海洋汽油和液化天然气以削减二氧化碳的排放、港口路基集中供电等）实现港口发展与环境改善的双赢目标。

其次是实施"空气洁净战略"。2007年，同属于北美西北太平洋区域的美国西雅图港、塔科马港和加拿大温哥华港共同提出了西北港口空气洁净战略，通过共同行动减少影响空气质量和气候变化的海事与港口排放，提倡更多地使用电力、清洁燃料以及增加燃烧效率。所涉及的改进措施不仅包括与港口直接相关的远洋船舶、集装箱运输机械，也包括与港口运输有关的铁路、卡车等。2015年，美国已经向国际海事组织提交议案，所使用的燃油中含硫量小于0.1%，在滨海区域减少80%的氮氧化物排放，所有船舶将达到此国际标准。2016年，洛杉矶港宣布成为世界首个港口集装箱终端码头全部采用可再生能源的港口，成为世界绿色港口的标杆。

欧盟的绿色港航实践

欧盟则更加注重港口对生物多样性保护和环境排放的社会责任。

首先是建立生态港口基金会，实施"生态港口战略合作计划"。欧盟国家最初于1993年组建了欧洲海港组织（European Sea Ports Organization，ESPO），现已包括20个欧盟成员国的1 200个港口。在1994年共同提出了欧盟环境法案，2001年欧洲海港组织首次对环境法案的执行情况发布环境评价报告，报告指出欧盟所有港口应当发布公众可以了解的环境评价年度报告，应当制定衡量环境改善的指标。为了应对环境问题，1999年，鹿特丹港、巴塞罗那港等8个大型港口建立了生态港口基金会以加强信息交流和统一影响评价。2002年提出了生态港口战略合作计划，即基于环境可持续性的海事经济发展特别需要一个综合性海事政策，并且这样的政策也能够提供优质的海洋科学研究、技术和创新的支撑。港口政策层面上，包括综合海事政策、海事安全、欧盟运输政策白皮书、港口与物流、港口发展与自然保护、挖掘和沉积物管理、水框架计划、港口空气质量、港口与安全等。

其次是实施"无障碍海事交通"，减少货运污染排放。港口发展过程中的一个效率瓶颈问题是集疏运系统拥堵，造成生态环境恶化。海运系统作为能源效率最经济、污染输出最少的交通运输方式，是从总体上减少货运污染排放、实现低碳经济、减缓气候变化的重要途径。为了更好地发挥海洋运输的效率，欧盟已经实施"无障碍海事交通"，提高港口与港口之间，港口与铁路、公路之间的货运畅通，缩短运输时间，减少货运污染排放。

第三是统一港口运营标准体系。2008 年 2 月在荷兰阿姆斯特丹召开第一届绿色港口和生态港口联合会议，提出了生态港口 ISO 14001 认证的建议。绿色港航实行 ISO 140011，即生态管理和审计计划（EMAS），其目的在于提高员工的环境意识和守法的主动性、自觉性；帮助企业提高环境管理能力，提供一整套方法和系统化框架；向外界证实自身遵循所声明的环境方针和改善环境行为的承诺，树立企业的良好形象；推动企业技术改造，改进工艺技术和开发新产品，提高企业信誉和知名度；适应绿色消费潮流，提高绿色港航的能力建设。欧盟国家提出了被称为"里斯本议程"的绿皮书，来制定统一的港口运营标准框架。按照绿色港口和生态港口标准建立的运营体系，包括文件制度、操作规范、跟踪制度和公众年度报告制度。采取切实有效的措施降低能耗、减少噪声和对水质、底质、空气等生态环境的影响。港口应当逐步设置回收废油、处理化学品和压载水的设施，严格监控倾废，建立健全船舶安全措施。

微信"扫一扫"
观看视频

我国的绿色港航实践

以宁波舟山港为例，来了解我国港口绿色化的策略与实践。

首先是整合港口资源，提高工作效率及统一管理标准。主要是通过推动港口组合，实现港口吞吐、物流仓储的总体高效调控和统一的操作标准与环境标准，实现基于合作基础的有序竞争。在资源整合过程中，强调经济自由与政府干预相协调的竞争机制，从地区和企业整体利益出发，实现联合与协作的一体化机制，促进港口空间的合理配置。其中，宁波舟山港的港口整合就是一个突出的案例。自改革开放以来，宁波和舟山因其独特的自然岸线和深水资源成为深水良港快速发展的典范，但是，在长期的发展过程中，又因为宁波舟山港的一体化程度不足，造成浙江省在长江三角地区国际航运经济合作与竞争中的主体格局位置不够鲜明；在相当长的一段时间内，宁波舟山港一直没有达到以"NB/ZS"来命名的国际组合港标准。一个主要的标志是宁波舟山港自建设以来，长期没有形成统一的宁波舟山港管理委员会实体机构，其主要原因是管理委员会并未具有明确的、独立的港口地理管辖范围。因此，很多有识之士认为，宁波舟山港因两地分而治之，规划、管理、开发、品牌不统一，存在着重复建设、同质竞争等弊端，制约了港口的进一步发展。

2015 年 8 月，浙江省委、省政府作出全省港口一体化、协同化发展的重大决策，浙江省海港集团组建成立，成为国内第一家集约化运营管理全省港口资产的省属国有企业。2016 年 11 月，根据省委、省政府的决策部署，浙江省海港集团与宁波舟山港集团按"两块牌子、一套机构"运作，是全省海洋港口资源开发建设投融资的主平台。其中的一个突出变化是宁波港和舟山港通过合资入股的形式完成了资本与资源的联合，从而放大了两港的整合效应，减少重复建设和资源浪费，促进沿海港口良性互动。自宁波舟山港正式合并之后，浙江省海港集团又先后完成了省内沿海五港和义乌陆港以及有关内河港口的全面整合，形成了以宁波舟山港为主体，以浙东南沿海温州、台州两港和浙北环杭州湾嘉兴港等为两翼，联动发展义乌陆港和其他内河港口的"一体两翼多联"的港口发展新格局，形成了包括港口运营、开发建设、投融资、航运服务"四大板块"核心经济业务。全省港口一体化整合后，有力地促进了港口资源利用集约化、港口运营高效化、市场竞争有序化、港口服务现代化，形成了港口转型发展的新动能，浙江港口的综合实力、整体竞争力和对外影响力明显提升。2019 年，浙江省海港集团完成货物吞吐量 8.74 亿吨，同比增长 6.1%；完成集装箱吞吐量 3 041.9 万标准箱，同比增长 6.4%。截至 2019 年年底，集团总资产达 1 241 亿元，净资产 768 亿元。

其次是强化以江海联运与海铁联运为核心的无障碍运输能力。江海联运是指货物不经中转，由同一艘船完成江河与海洋运输的全程运输方式。江海联运的操作主要分为两个部分，即江段运输和海上运输。在我国，江海联运主要集中于长江三角洲地区和珠江三角洲地区，是当地外贸进出口主要的运输方式。但传统水运被分为内河与海洋两个相对独立的闭合循环，货物进出内陆通常采用一二三程运输方式，造成运输环节多、周期长、货损大、成本相对高。江海联运则实现了内河运输和海上运输之间的连续运输，体现出许多优越性，尤其是在建设长江经济带国家重大战略之后，打造宁波舟山港江海联运中心的步伐正在加快，通过江海联运使得长江三角洲与长江经济带建设紧密结合起来。时任总理李克强曾说："长江这条巨龙纵贯东西，经济总量占全国四成以上，其广阔腹地是我国经济发展最大回旋余地，依托黄金水道打造长江经济带，把龙头抬起来、龙身动起来、龙尾摆起来，实现东中西协调发展。"[①] 发展江海联运的主要措施包括：①加快实施重大航道疏浚整治工程，消除通行瓶颈，扩大三峡枢纽通过能力和干线过江通行能力，提升长江黄金水道功能；②建设快速大能力铁路通道、高等级广覆盖公路网和航空网络，加强各种运输方式与港区的衔接，完善油气运输通道和储备系统，大力发展江海联运、干支线直达和铁水、空铁、公水等多式联运；③推进内河船型标准化，研究推广三峡船型和江海直达船型，鼓励发展节能环保船舶。

海铁联运是进出口货物由铁路运到沿海海港直接由船舶运出，或是货物由船舶运输到达沿海海港之后由铁路运出的只需"一次申报、一次查验、一次放行"就可完成整个运输过程的一种运输方式。欧洲发达国家的

---

① 《李克强在浙江考察时强调 以大众创业培育经济新动力 用万众创新撑起发展新未来》，[2014—11—21]，http://www.xinhuanet.com//politics/2014－11/21/c_1113357359.htm。

海铁联运比例通常可达 20%～25%，而我国在海铁联运方面尚处于起步阶段，我国的港口集装箱吞吐量中，海铁联运仅占 2%～4%，港口、铁路、海关的管理协调以及多式联运代理业务还亟待加强。可喜的是，近 5 年来，我国沿海主要港口借助"一带一路"倡议政策红利，海铁联运业务量均有不同程度增长。2018 年，各主要港口实现海铁联运量分别为：青岛港 115.4 万标准箱，同比增长 48.7%，占港口集疏运比例从 0.5% 增长到 4.8%；营口港 82.3 万标准箱，同比增长 14%，占比从 6.0% 增长到 11.8%；宁波港 60 万标准箱，同比增长 50%，占比从 0.6% 增长到 2.3%。2018 年 6 月，国务院印发《打赢蓝天保卫战三年行动计划》，把推进运输结构调整和发展公铁联运、海铁联运作为国家战略部署。打通海铁联运"最后一公里"，大幅提高集装箱海铁联运比例是运输结构调整的重要工作之一。2018 年 9 月，国务院办公厅印发《关于推进运输结构调整三年行动计划（2018—2020 年）的通知》，明确了全国多式联运货运量年均增长 20%，重点港口集装箱铁水联运量年均增长 10% 以上。通过发展海铁联运，加快运输结构调整、促进节能减排。为此，上海市也迅速做出响应，形成了《上海市推进海铁联运发展工作方案》，提出了海铁联运集装箱量快速增长的目标，到 2020 年完成海铁联运集装箱量 24 万标准箱，从 2021 年起实现年均增长 10% 以上，到 2035 年完成海铁联运集装箱量 175 万～300 万标准箱，占全港集装箱吞吐量（按 5 000 万～5 500 万标准箱计）比重为 3%～5%。

第三是强化港口与临港产业间的资源循环利用。通过梳理港口城市的主导经济行业与港口发展的关系，确定不同地域港口在区位经济中的准确定位和错位发展战略。新型港口发展建设规划必须在港口定位基础上，重点考虑主导型临港工业的产业集群布局，在空间规划、集疏运体系、产业废弃资源循环利用、环境保护等方面进行总体规划。在钢铁与化工行业之间，形成了"钢铁—污泥—稀有金属—化工"的循环；在电力行业与建材行业之间，形成"电厂—粉煤灰—水泥""垃圾—垃圾发电—炉底渣—新

型墙材""污水处理厂—污泥—热电厂循环硫化床焚烧—发电"的循环
(见图 5 - 10)。

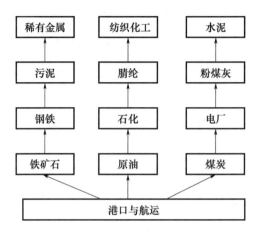

图 5 - 10　港口产业集群与资源循环利用示意

　　在此基础上,建立健全港口节能减排体制机制,控制港口污染排放,
制定港航发展中排放物和污染物(如可吸入性颗粒物、二氧化碳、硫氧化
物、氮氧化物、溢油)等的中长期削减计划,提出相关的经济刺激政策。
例如,推动环保型货运船舶优先处理的政策及配套的港口奖励政策;在
"谁污染谁治理"的原则下,通过税收抵扣方式设立海洋生态环境保护基
金与生态环境修复的强制措施,鼓励和促动临港大企业投入资金和精力促
进滨海城市环保产业的配套发展。制定更加符合绿色港口需要的海洋功能
区划,在海岸带综合管理和岸线整治的原则指导下,通过地理信息系统、
海洋水流动力学、生态系统食物网、海洋环境监测与修复等研究技术的整
合,科学解决港口开发、淤积处理、生态环境保护的可持续发展问题。

　　以港口污染减排为抓手,有序推进绿色港航建设。污染减排是港口建
设的一个重要内容,也是发展绿色港航的重要组成部分,以港口污染减排
为抓手有助于加快推动绿色港航建设试点进程。从工作推动来说,一是进
一步深化目前港口资源整合,降低投入,以规模效应实现污染排放最小
化,提高排放质量。临港企业规模较大,且地理位置相对集中,这为企业

间共享排污基础设施资源、降低排放治理成本提供了现实基础；二是进一步加强产业链之间的废物原料循环利用，比如余热可为生态农庄种植所利用，煤灰可变为水泥，减少资源利用对接中产生的污染和浪费。

总之，绿色港航是一种可持续发展的港口运营模式，对于保护海洋生态环境、提高船舶运行效率和降低运营成本以及促进经济可持续发展都具有重要意义。未来，我们应该不断加强绿色港口建设，积极推进绿色船舶建设，加强环保管理和国际合作，为实现可持续发展做出更大的贡献。

我国的绿色港航实践

从港口到湾区

小　结

在当代社会，海洋已经成为构成人类世界的重要组成部分，也是地球上占据面积最广、资源最丰富的生态系统之一。随着科技的不断发展和全球化的加速，海洋在人类社会中扮演着越来越重要的角色，为各领域提供了丰富的资源和服务。

本章涵盖了海洋与人类文明的多个方面，从国际海洋法、主要港口、海洋经济产业、海洋渔业、海洋船舶工业、海洋油气业、海洋交通运输业到绿色港航等方面进行了深入探讨。通过这些章节，我们可以更好地认识海洋，并了解海洋所涉及的各个领域，包括政治、经济、生态等方面。

特别是在当代背景下，海洋问题愈加突出。随着人类社会的发展和海洋经济的增长，海洋生态系统面临前所未有的压力和挑战。全球气候变化引发的极端天气也对海洋生态系统带来了威胁。因此，在考虑海洋资源开发和利用时，我们必须注重环境保护，为海洋生态系统的可持续发展提供保障。最后一节"绿色港航"强调了将可持续发展理念应用于海洋产业和运输业的重要性。我们必须尝试开发环境更加友好型的港口和船舶，并探讨如何在海洋资源开发与环境保护之间实现平衡。在当代背景下，这些问题显得愈发紧迫。

　　虽然本章未能涵盖海洋与人类文明的所有相关领域，但仍为我们提供了一个全面、深入的视角去了解海洋，同时也为我们提供了一些思路，例如如何创新技术，如何制定良好的海洋政策，以及如何推进各个国家之间的合作，以实现海洋的可持续发展。这些都是当代社会推动海洋可持续发展的关键。

结　语

《海洋与人类文明》不仅是一本通识课教材，更是一本面向普通读者的入门书籍，从海洋的视角探讨人类文明的发展与变迁。这本书的目的在于培养读者的海洋意识，提升历史素养和思辨能力，拓宽知识视野。作者团队结合教学经验和研究成果编撰了这本既有深度又有广度的作品。未来，我们将持续关注海洋领域的新动态和学术进展，不断更新和优化本书的内容和结构。

这本书对普通读者的价值体现在以下几个方面：

（1）建立海洋视角，认知海洋对文明的重要性与影响。海洋是人类生存和发展的基础，是交流、碰撞的舞台，也是多样性和共生的象征。通过本书，读者可以了解海洋在历史中的作用和变迁，以及其与社会、政治、经济、文化等方面的互动。

（2）提高历史素养与思辨能力，培养批判性思维和创造性思维。书中不仅介绍海洋历史，还分析规律、趋势，并探讨时代性和前瞻性的海洋问题。阅读本书，可锻炼逻辑思维和判断力，提升解决问题的能力。

（3）拓宽知识视野，增加知识储备。本书内容涵盖自然、社会、人文等海洋领域，还包括前沿技术和创新应用。通过阅读，读者可丰富知识结构，提升学习兴趣和探索欲望。

我们曾邀请读者参与书稿的阅读，欣喜地看到他们对海洋充满好奇和热爱。其中一位读者分享："我热爱航海，本书让我深入了解了海洋的知识和故事，加深了对海洋的认知和感悟。它展示了海洋在人类文明中的地位和多样魅力。对于想了解海洋的人，这是宝贵的入门书籍。"

我们期待每位读者都能像这位一样，带着目的、问题和热情阅读。我们希望读者从中获得启发与收获，为未来的学习和探索打开海洋的大门。最后，用一首英国诗人约翰·麦斯菲尔的诗《向海而行》作结，表达我们对海洋的向往、敬畏与梦想。愿这首诗激发大家对海洋的热爱与探索。

向海而行

（林语堂　译）

我又必须回到那海上去，回到茫茫的大海和天空下，

要有一只高大的帆船为伴，要有星星引路，

要有海浪拍船声，要有白帆卷动，

还要有苍茫的海雾，和破晓前灰蒙蒙的天空。

我又必须回到那海上去，因为我听到大海在呼唤。

那是一种狂野的呼唤，是一种清澈的呼唤，它不能被拒绝；

而我只要一天狂风，一片飘动的白云，

一阵浪花飞溅，一簇海鸥的呼叫声。

我又必须回到那海上去，那儿是一种自由的生活方式，

是海鸥和鲸鱼的天堂，那儿的风吹得像一把锋利的刀。

我只要一个开怀大笑的船伴，一夜安眠，

以及梦中甜美的想象，等我长途跋涉归来。